U0393196

高等职业教育土建类专业课程改革规划教材

塑料门窗设计与生产技术

组编　济南工程职业技术学院
主编　郭梅静
参编　张春霞　李　强　崔希骏
主审　王连印

机 械 工 业 出 版 社

本书共分为5章，以塑料门窗的设计、制作及施工为三大主线，讲述了塑料门窗基本知识、PVC－U塑料门窗构造、PVC－U塑料门窗工程设计、PVC－U塑料门窗生产工艺、PVC－U塑料门窗的安装及验收，书后还附有PVC－U塑料门窗生产工序卡，以供实训参考。

本书可作为建筑门窗幕墙专业的教学用书，也可作为相关企业设计、生产技术人员的参考用书。

为方便教学，本书配有电子课件，凡使用本书作为教材的教师可登录机工教育服务网 www.cmpedu.com 注册下载。咨询邮箱：cmpgaozhi@sina.com。咨询电话：010-88379375。

图书在版编目（CIP）数据

塑料门窗设计与生产技术/郭梅静主编；济南工程职业技术学院组编.—北京：机械工业出版社，2012.12

高等职业教育土建类专业课程改革规划教材

ISBN 978-7-111-40493-4

Ⅰ.①塑… Ⅱ.①郭… ②济… Ⅲ.①塑料制品—门—设计—高等职业教育—教材 ②塑料制品—门—生产工艺—高等职业教育—教材 ③塑料制品—窗—设计—高等职业教育—教材 ④塑料制品—窗—生产工艺—高等职业教育—教材 Ⅳ.①TU532

中国版本图书馆CIP数据核字（2012）第278283号

机械工业出版社（北京市百万庄大街22号 邮政编码100037）
策划编辑：覃密道 责任编辑：覃密道 常金锋
版式设计：闫玥红 责任校对：赵 蕊
封面设计：张 静 责任印制：乔 宇
三河市国英印务有限公司印刷
2013年1月第1版第1次印刷
184mm×260mm · 8.5印张 · 192千字
0001—3000册
标准书号：ISBN 978-7-111-40493-4
定价：20.00元

凡购本书，如有缺页、倒页、脱页，由本社发行部调换

电话服务	网络服务
社服务中心：（010）88361066	教 材 网：http://www.cmpedu.com
销 售 一 部：（010）68326294	机工官网：http://www.cmpbook.com
销 售 二 部：（010）88379649	机工官博：http://weibo.com/cmp1952
读者购书热线：（010）88379203	**封面无防伪标均为盗版**

序

我国高等职业教育正处于全面提升质量与加强内涵建设的重要阶段。近年来，随着国家、各省市的示范性高职院校建设、质量工程建设的开展，形成了一大批紧贴行业一线、工学结合、自身特色鲜明的示范专业和精品课程。这些成果的取得，不仅是高等职业教育内涵建设的阶段性成果，同时也是下一步发展的重要基础和有益经验。

建筑门窗幕墙工程专业正是我院为适应建筑业的快速发展而形成的跨学科的新型专业。由于未找到十分适合本课程教学的教材，我院组织相关任课老师和合作企业专家编写了相关的讲义，并经过6年的教学实践，最终形成了校本教材，经过本院几届学生的试用，内容得到了不断地完善和提高，教学效果反映良好。因此我院与机械工业出版社联系，计划将该专业课程改革的系列校本教材正式出版，这也是当前高等职业教育课程改革的一种尝试，希望能为开设相关专业的兄弟院校提供一定的借鉴意义，以进一步推动我国高等职业教育改革与发展。

本教学用书由济南工程职业技术学院组织编写，本系列教材在整体规划中体现了高等职业教育“1221”模式下，理论教学和实践教学两个体系系统设计的思路。在内容和形式上均体现了示范性、创新性、适用性，较好地贯彻了理论和实践相结合的指导思想。

专业建设和课程改革是一项不断推进、不断总结提高的工作，本教材也只是展现了本院前一个阶段的成果，还存在一些不足之处，欢迎兄弟院校的广大师生多提宝贵意见。

济南工程职业技术学院院长

[signature] **教授**

前　言

随着建筑门窗行业的发展，人们对门窗的设计、生产及安装施工等提出了更高的要求，特别是节能方面的要求大大提高，并作为衡量门窗性能的一项重要指标。因此，许多与门窗相关的标准、规范都进行了修订以适应最新的要求。本书主要以《塑料门窗工程技术规程》（JGJ 103—2008）为线索，并体现其他相关标准的最新要求，对PVC-U塑料门窗的工程设计、质量要求、门窗安装要求、施工安全与安装后的门窗保护、门窗工程的验收与保养维修等方面的内容进行分析。

本书结合了行业企业专家的技术理论和实践经验，是与行业企业共同开发、紧密结合生产实际的实用教材。编写人员通过对青岛鑫山幕墙金属结构集团有限公司、青岛兆龙金属制品有限公司等多家合作企业实地调研，通过对塑料门窗工程技术岗位发展、能力需求进行深入的分析，并结合高职学生的认知特点，力求深入浅出、图文并茂地将来源于企业的真实资料展现给读者，使读者最大程度地接触到岗位的实际要求。旨在培养和造就适应生产、建设、管理、服务第一线需要的技能型人才。

全书共分5章，将塑料门窗作为一个系统，围绕设计、制作、施工三大主线，首先论述了当今塑料门窗的国内外发展趋势及性能特点；又以平开门窗和推拉门窗为例讲述了门窗的构造，特别是对结构功能尺寸的分析，结合了企业最新的型材和行业标准；而后结合最基本的理论，以最实用的案例对塑料门窗的结构、性能设计，加工制作工艺、生产组织，施工安装、质量检验三大主线进行了系统、详细的讲解。

本书由济南工程职业技术学院郭梅静任主编，负责整本教材内容的组织，与张春霞老师共同负责初稿的编写工作，并邀请山东省门窗幕墙行业管理办公室的专家、山东三塑集团崔希骏高级工程师、济南市房地产开发总公司李强工程师对本书初稿进行了修订和调整。本书的编写得到山东建筑大学王连印教授的大力支持，他对本书内容进行了全面细致地审核，对本书术语的规范、PVC-U塑料门窗组装工艺、工程设计要求等提出了许多宝贵意见。由于《未增塑聚氯乙烯（PVC-U）塑料窗》（JG/T 140—2005）《未增塑聚氯乙烯（PVC-U）塑料门》（JG/T 180—2005）正在征求修订意见，部分内容按照山东省门窗幕墙行业管理办公室的专家意见进行了修改。

本书在编写过程中得到山东建筑大学门窗幕墙研究所副所长阎晋研究员、山东省建设机械行业管理办公室主任张永光以及青岛鑫山幕墙金属结构集团有限公司、青岛兆龙金属制品有限公司各位专家的大力支持，在此一并表示感谢！

由于编者水平有限，书中难免存在错误，恳请使用本书的各位读者批评指正。

编 者

目　录

第1章　塑料门窗基本知识

1.1　塑料门窗的概念

塑料门窗是指由基材为未增塑聚氯乙烯（PVC－U）型材按规定要求使用增强型钢制作的门窗，是以未增塑聚氯乙烯（PVC－U）型材经定尺切割后，按规定要求在其内腔衬入增强型钢，将型材焊接或采用专用联接件进行联接成门窗框、扇，装配上密封胶条、毛条、玻璃、五金配件等构成的门窗成品。

1.2　塑料门窗国内外发展概况

塑料门窗起源于20世纪50年代的德国。20世纪70年代，由于世界性的能源危机爆发，德国政府为了解决寒冷地区门窗的冬季结露和节省供暖能源的问题，开始重视塑料门窗的研制和应用。在德国政府的大力推动下，塑料门窗的标准和规范逐步完善，质量得到迅速提高，最终形成了规模巨大、高速发展的产业。塑料门窗以其保温、隔热、隔声、耐腐蚀等诸多优势，在欧洲乃至世界各国被迅速推广应用。目前无论是技术水平还是发展速度，德国均居世界领先地位。

目前国外塑料门窗主要有两大体系，分别为欧式体系和北美体系。前者以德国的塑料门窗为代表，主要是大断面，型材壁厚一般在2.5～3.0mm之间，腔体的作用分明，结构为3～5个腔体，以白色型材为主，彩色化的处理以覆膜为主。后者以美国的塑料门窗为代表，早期引进德国技术，经过吸收和创新，从而形成了从配方到断面设计再到组装加工的一套完整体系。其产品的特点是断面复杂、腔体较多，型材壁厚在1.8～2.0mm之间，一般不加入增强型钢，依靠网状的内筋结构进行增强，以白色型材为主，个别的用彩色喷涂的方法进行表面处理。

我国建筑门窗生产企业1983年开始先后从国外（以欧式体系为主）引进了塑料门窗异型材生产线和门窗组装生产线，塑料门窗的产品技术有了很大的发展和进步。在引进设备的同时，也引进国外型材断面设计，使门窗功能和装饰性有了很大提高，塑料门窗专用计算机软件的开发应用也大大提高了塑料门窗的设计和生产管理水平。

近年来，我国塑料门窗生产技术在实现了未增塑聚氯乙烯（PVC－U）型材化工原料和助剂基本国产化后，在型材挤出设备、门窗组装设备、模具设计与生产方面都实现了国产化，同时在型材覆膜技术、双色复合共挤技术、双料复合共挤技术、软硬复合共挤技术、铝塑复合共挤技术、结皮发泡钢塑共挤技术等方面均实现了技术创新。目前我国的塑料门窗产品的种类已经基本覆盖到所有的建筑门窗，截止到2010年，我国塑料门窗的市场占有率已达到45%以上。

塑料门窗技术仍在进一步向纵深发展，开发新结构、新技术，向高级化、彩色化、复合化、节能化发展。节能已经成为门窗幕墙企业发展的主题，塑料门窗具有独特的保温节能效果，大力推广塑料门窗产品，对实现我国“十二五”建筑节能有重要意义。

1.3 塑料门窗的性能特点

1. 保温隔热性能好

塑料型材为多腔式结构，具有良好的隔热性能。材料（PVC）的传热系数为0.16W/(m^2·K)，仅为钢材的1/357，铝材的1/1250，可见塑料门窗隔热、保温效果显著，节约能源。

2. 优异的物理性能

由于PVC－U塑料门窗型材具有独特的多腔室结构，并经熔接工艺而成门窗，在门窗安装时所有的缝隙均装有耐候性密封条或毛条，因此塑料门窗框、扇搭接严密，具有良好的气密性能、水密性能、抗风压性能、保温隔热性能、隔声性能等物理性能。

3. 耐腐蚀性能好

PVC－U塑料型材因其独特的配方，具有极好的化学稳定性和耐腐蚀性，可以抵御各种酸、碱、盐雾、废气和雨水的侵蚀，耐腐蚀、耐潮湿、不朽、不锈、不霉烂，在腐蚀性、潮湿环境下均可使用。

4. 耐候性能好

PVC－U材料采用特殊配方，原料中添加了光热稳定剂、紫外线吸收剂和低温耐冲击等改性剂，使塑料门窗具有更佳的耐候性、耐老化性和抗紫外线破坏的性能，长期使用于气候形态剧烈变化的环境中，在－30～50℃之间，经受烈日、暴雨、风雪、干燥、潮湿之侵袭，也能保持性能不变。

5. 防火性能好

PVC－U塑料属难燃材料，它具有不易燃、不自燃、不助燃、燃烧后离火能自熄的性能，防火安全性比木门窗高。聚氯乙烯材料的氧指数达42%以上，属于难燃性材料，PVC－U塑料门窗不会因火灾而具有危险性。在国外，PVC塑料门窗可以用于各种类型的建筑物。

6. 电绝缘性高

塑料门窗使用的PVC－U型材是优良的电绝缘材料，不导电，使用安全性高。

7. 成品尺寸精度高

塑料门窗用的PVC－U型材的线膨胀系数为7.5×10^{-5}mm/℃，形状和尺寸稳定，不松散，不变形。PVC－U塑料型材外形尺寸精度高（±0.5mm），机械加工性能好，可锯、切、铣、钻等，型材经机械切割、热熔焊接加工制造的成品门窗，其长、宽及对角线尺寸公差均能控制在±2mm以内，且精度稳定可靠，焊角强度可达35MPa，焊接处经机械加工清角后平整美观。

8. 装饰性能好

塑料门窗型材表面细腻光滑，质感舒适，质量内外一致。组装门窗采用焊接方法，外表面无缝隙和凹凸不平，整体门窗造型高雅气派，可随建筑物外观和室内装修色调选用双色共挤的彩色型材，可与各种建筑物相协调。不需油漆着色和维护保养，如有脏污可用软布蘸水性清洗剂擦洗。

1.4　塑料门窗的分类与标记

1.4.1　分类、代号

1. 分类

门、窗按用途分为外围护和内围护用两类：外墙用，代号为W；内墙用，代号为N。

2. 类型

门、窗按使用功能划分的类型和代号及其相应性能项目分别见表1-1、表1-2。

表1-1　门的功能类型和代号

种类	普通型		隔声型		保温型		遮阳型
代号	PT		GS		BW		ZY
性能项目	外门	内门	外门	内门	外门	内门	外门
抗风压性能（P_3）	◎		◎		◎		◎
水密性能（ΔP）	◎		◎		◎		◎
气密性能（q_1；q_2）	◎	○	◎	○	◎	○	◎
空气声隔声性能（R_w+C_{tr}；R_w+C）			◎	◎			
保温性能（K）					◎	◎	
遮阳性能（SC）							◎
开关力	◎	◎	◎	◎	◎	◎	◎
开关疲劳	◎	◎	◎	◎	◎	◎	◎
耐撞击性能①	◎	◎	◎	◎	◎	◎	◎
抗垂直荷载性能①	◎	◎	◎	◎	◎	◎	◎
抗静扭曲性能①	◎	◎	◎	◎	◎	◎	◎

注：1. ◎为必需性能，○为选择性能。

2. 地弹簧门不要求气密、水密、抗风压、隔声、保温性能。

① 耐撞击、抗垂直荷载和抗静扭曲性能为平开旋转类门必需性能。

表1-2 窗的功能类型和代号

性能项目 种类	普通型		隔声型		保温型		遮阳型
代号	PT		GS		BW		ZY
	外窗	内窗	外窗	内窗	外窗	内窗	外窗
抗风压性能（P_3）	◎		◎		◎		◎
水密性能（ΔP）	◎		◎		◎		◎
气密性能（q_1/q_2）	◎		◎		◎		◎
空气声隔声性能（R_w+C_{tr}/R_w+C）			◎	◎			
保温性能（K）					◎	◎	
遮阳性能（SC）							◎
采光性能（T_r）	○		○		○		○
开关力	◎	◎	◎	◎	◎	◎	◎
开关疲劳	◎	◎	◎	◎	◎	◎	◎

注：◎为必需性能，○为选择性能。

3. 品种

按开启形式划分门、窗品种与代号分别见表1-3、表1-4。

表1-3 门的开启形式品种与代号

开启形式	平开旋转类			推拉平移类			折叠类	
	（合页）平开	地弹簧平开	平开下悬	（水平）推拉	提升推拉	推拉下悬	折叠平开	折叠推拉
代号	P	DHP	PX	T	ST	TX	ZP	ZT

表1-4 窗的开启形式品种与代号

开启类别	平开旋转类							
开启形式	（合页）平开	滑轴平开	上悬	下悬	中悬	滑轴上悬	平开下悬	立转
代号	P	HZP	SX	XX	ZX	HSX	PX	LZ

开启类别	推拉平移类					折叠类
开启形式	（水平）推拉	提升推拉	平开推拉	推拉下悬	提拉	折叠推拉
代号	T	ST	PT	TX	TL	ZT

4. 产品系列

门窗产品系列以门、窗框在洞口深度方向的设计尺寸——门、窗框厚度构造尺寸（单位为 mm）划分。图 1 - 1 所示为 70 系列平开门框型材和 85 系列推拉窗框型材。

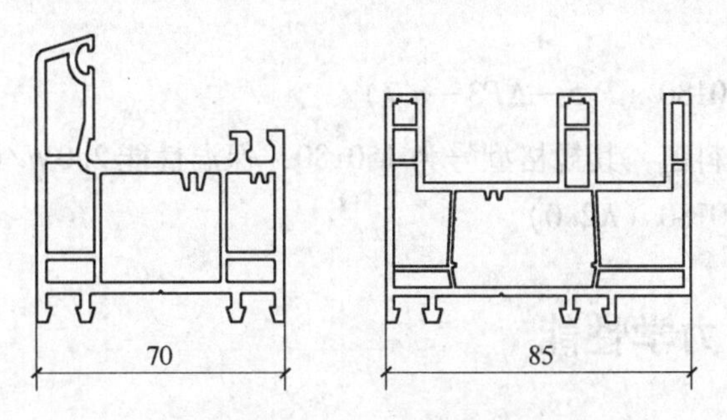

图 1 - 1　门窗框型材

门、窗框厚度构造尺寸符合 1/10M（10mm）的建筑分模数数列值的为基本系列；基本系列中按 5mm 进级插入的数值为辅助系列。

门、窗框厚度构造尺寸小于某一基本系列或辅助系列值时，按小于该系列值的前一级标示其产品系列。如门、窗框厚度构造尺寸为 72mm 时，其产品系列为 70 系列；门、窗框厚度构造尺寸为 69mm 时，其产品系列为 65 系列。

5. 规格

门窗的宽度、高度构造尺寸即门窗外形的宽度、高度尺寸。

门窗规格以门、窗的宽度构造尺寸和高度构造尺寸的千、百、十位数字，前后顺序排列的六位数字表示。

例如，门窗的宽度、高度构造尺寸分别为 1150mm 和 1450mm 时，其尺寸规格型号为 115145。

1.4.2　塑料门窗标记方法

1. 命名方法

按门窗用途（可省略）、功能、系列、品种、产品简称（PVC - U 塑料门，代号 SM；PVC - U 塑料窗，代号 SC）的顺序命名。

2. 标记方法

按产品的简称、命名代号——尺寸规格型号、物理性能符号与等级或指标值（抗风压性能 P_3——水密性能 ΔP——气密性能 q_1/q_2——空气声隔声性能 $R_w C_{tr}/R_w C$——保温性能 K——遮阳性能 SC——采光性能 T_r）、标准代号的顺序进行标记。

3. 标记示例

1）60 系列平开塑料门，其规格型号为 150240，抗风压性能为 2.0kPa，气密性能为 $1.5m^3/(m \cdot h)$ 或表示为 $4.5m^3/(m^2 \cdot h)$，水密性能为 250Pa，保温性能为 $2.0W/(m^2 \cdot K)$，隔声性能为 30dB，其标记为：

塑料门 60PSM - 150240（$P_3 2.0$—$\Delta P 250$—$q_1 1.5/q_2 4.5$—$R_w C_{tr} 30$—$K 2.0$）。

2）60 系列平开塑料门，其规格型号为 150240，其标记为：

塑料门 60PSM－150240。

3）60 系列平开塑料窗，其规格型号为 150180，抗风压性能 5 级，气密性能 3 级，水密性能 7 级，其标记为：

塑料窗 60PSC－150180（$P_3$5—ΔP3—$q_1$7）。

4）60 系列平开塑料窗，其规格型号为 150180，保温性能 2.0W/(m^2·K)，其标记为：

塑料窗 60PSC－150180（K2.0）。

1.5 塑料门窗的力学性能

门窗的力学性能应符合现行行业标准《未增塑聚氯乙烯（PVC－U）塑料门》（JG/T 180—2005）、《未增塑聚氯乙烯（PVC－U）塑料窗》（JG/T 140—2005）的有关要求，见表 1-5～表 1-8。

表 1-5 推拉门的力学性能

项 目	技 术 要 求
开关力	不大于 100N
弯曲	在 300N 力作用下，允许有不影响使用的残余变形，试件不损坏，仍保持使用功能
扭曲	在 200N 力作用下，试件不损坏，允许有不影响使用的残余变形
开关疲劳	经不少于 100000 次的开关试验，试件及五金配件不损坏，其固定处及玻璃压条不松脱
焊接角破坏力	门框焊接角的最小破坏力计算值不应小于 3000N，门扇焊接角的最小破坏力计算值不应小于 4000N，且实测值均应大于计算值
软物撞击	无破损，开关功能正常
硬物撞击	无破损

注：无凸出把手的推拉门不做扭曲试验；全玻门不检测软、硬物撞击性能。

表 1-6 推拉窗的力学性能

项 目	技 术 要 求
开关力	推拉窗不大于 100N；上下推拉窗不大于 135N
弯曲	在 300N 力作用下，允许有不影响使用的残余变形，试件不损坏，仍保持使用功能
扭曲	在 200N 力作用下，试件不损坏，允许有不影响使用的残余变形
开关疲劳	经不少于 10000 次的开关试验，试件及五金配件不损坏，其固定处及玻璃压条不松脱
焊接角破坏力	窗框焊接角的最小破坏力计算值不应小于 2500N，窗扇焊接角的最小破坏力计算值不应小于 1400N，且实测值均应大于计算值

注：无凸出把手的推拉窗不做扭曲试验。

表 1-7　平开门、平开下悬门、推拉下悬门、折叠门、地弹簧门的力学性能

项　目	技术要求
锁紧器（执手）的开关力	不大于 100N（力矩不大于 10N·m）
开关力	不大于 80N
悬端吊重	在 500N 力作用下，残余变形不大于 2mm，试件不损坏，仍保持使用功能
翘曲	在 300N 力作用下，允许有不影响使用的残余变形，试件不损坏，仍保持使用功能
开关疲劳	经不少于 100000 次的开关试验，试件及五金配件不损坏，其固定处及玻璃压条不松脱，仍保持使用功能
大力关闭	经模拟 7 级风连续开关 10 次，试件不损坏，仍保持开关功能
焊接角破坏力	门框焊接角的最小破坏力计算值不应小于 3000N，门扇焊接角的最小破坏力计算值不应小于 6000N，且实测值均应大于计算值
垂直荷载强度	对门扇施加 30kg 荷载，门扇卸荷后的下垂量不应大于 2mm
软物撞击	无破损，开关功能正常
硬物撞击	无破损

注：1. 垂直荷载强度适用于平开门、地弹簧门。
　　2. 全玻门不检测软、硬物撞击性能。

表 1-8　平开窗、平开下悬窗、上悬窗、中悬窗、下悬窗的力学性能

项　目	技术要求
锁紧器（执手）的开关力	不大于 80N（力矩不大于 10N·m）
开关力	平合页不大于 80N；摩擦铰链不小于 30N，不大于 80N
悬端吊重	在 500N 力作用下，残余变形不大于 2mm，试件不损坏，仍保持使用功能
翘曲	在 300N 力作用下，允许有不影响使用的残余变形，试件不损坏，仍保持使用功能
开关疲劳	经不少于 10000 次的开关试验，试件及五金配件不损坏，其固定处及玻璃压条不松脱，仍保持使用功能
大力关闭	经模拟 7 级风连续开关 10 次，试件不损坏，仍保持开关功能
焊接角破坏力	窗框焊接角的最小破坏力计算值不应小于 2000N，窗扇焊接角的最小破坏力计算值不应小于 2500N，且实测值均应大于计算值
窗撑试验	在 200N 力作用下，不允许位移，联接处型材不破裂
开启限位装置（制动器）受力	在 10N 力作用下，开启 10 次，试件不损坏

注：大力关闭只检测平开窗和上悬窗。

1.6 塑料门窗立面图

按现行国家标准《建筑门窗术语》（GB/T 5823—2008）规定，门的立面示意图是基于人位于室外面对门确定的开启形式，即外视图；窗的立面示意图是基于人位于室内面对窗确定的开启形式，即内视图。塑料门窗立面图表示法见表1-9。

表1-9 塑料门窗立面图表示法

	门类型	立面图表示法		窗类型	立面图表示法
塑料门	外平开门		塑料窗	固定窗	
	内平开门			外平开窗	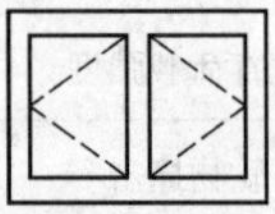
	推拉门	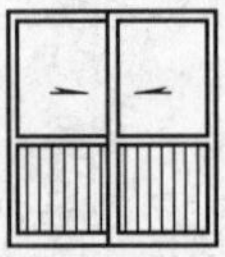		滑撑外平开窗	
	地弹簧门	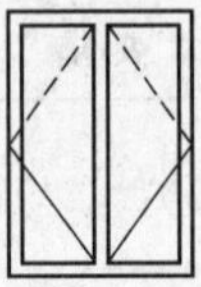		内平开下悬窗	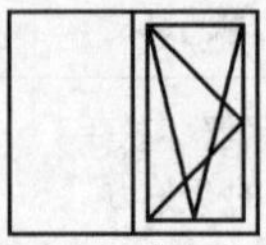
	提升推拉门	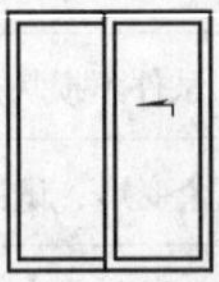		推拉窗	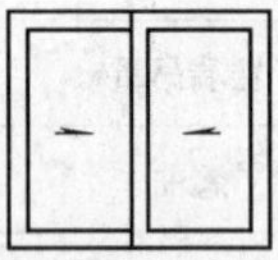
	折叠平开门	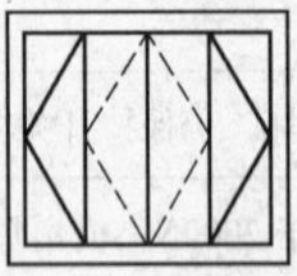		推拉折叠窗	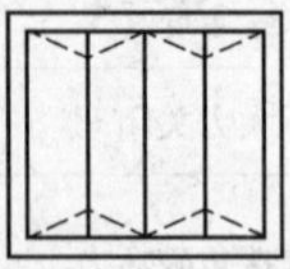
				推拉下悬窗	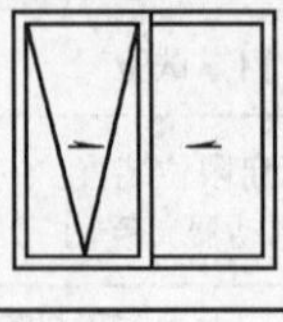

第2章　PVC－U塑料门窗构造

2.1　PVC－U塑料门窗构造要求

PVC－U塑料门窗主要由型材、增强型钢、密封件、玻璃、五金件组成（图2-1、图2-2）。

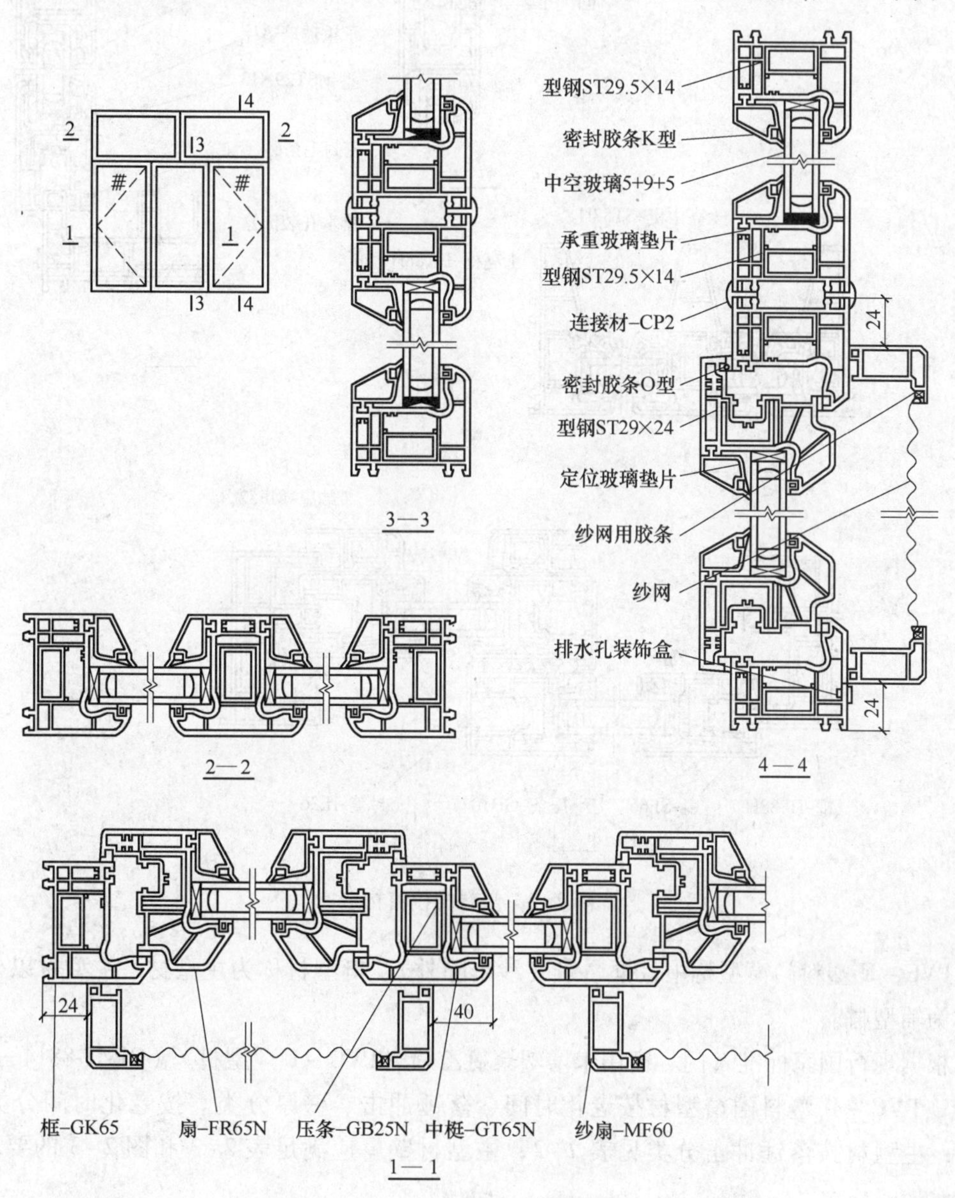

图2-1　塑料平开窗构造

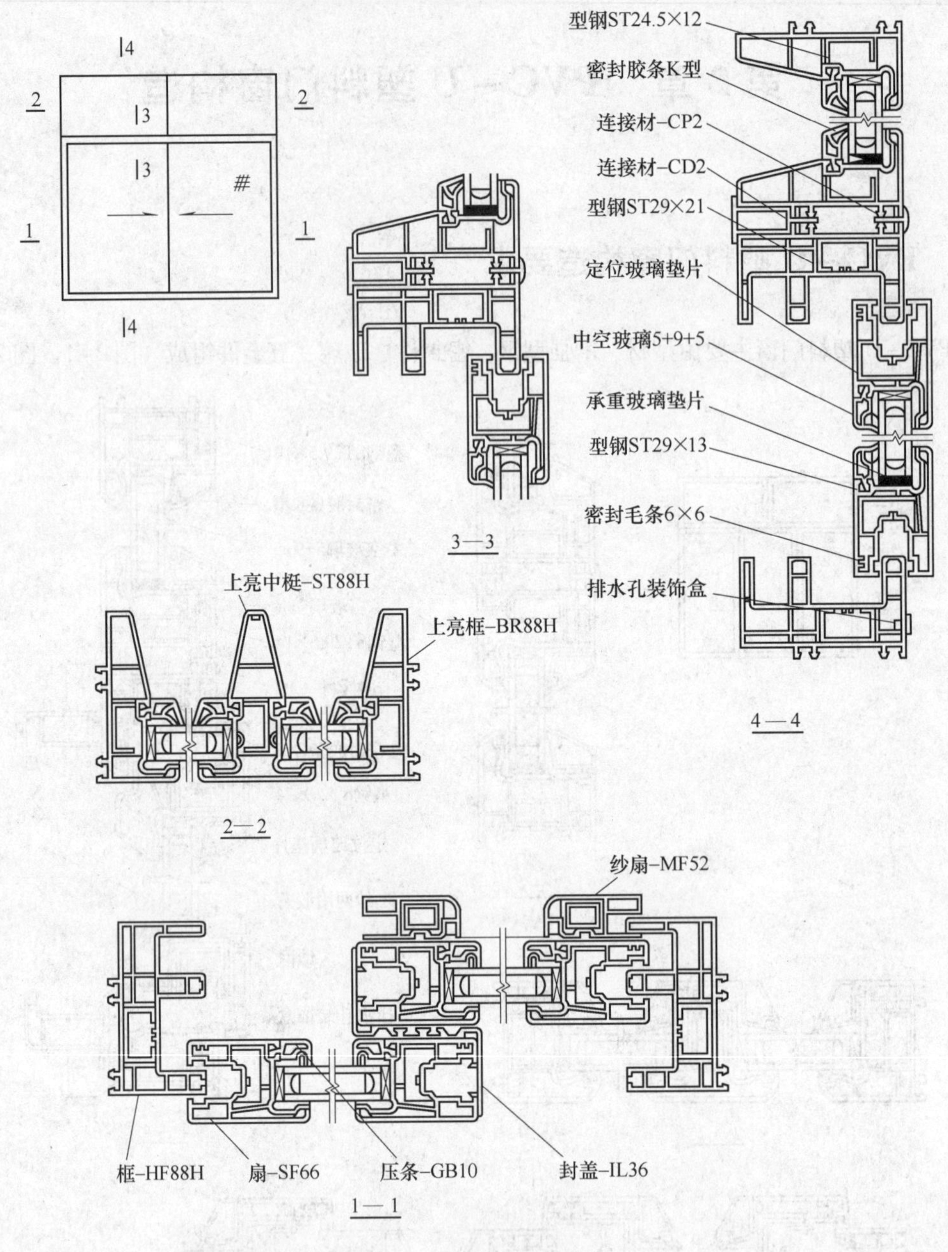

图 2-2　塑料推拉窗构造

PVC－U 塑料门窗型材中，框、扇（纱扇除外）、梃型材称为主型材，主型材以外的型材称为辅型材。

根据现行国家标准《门、窗用未增塑聚氯乙烯（PVC－U）型材》（GB/T 8814—2004）规定，PVC－U 塑料门窗型材按老化时间、落锤冲击、壁厚分类。按老化时间分类见表 2-1；主型材按落锤冲击分类见表 2-2；主型材壁厚应满足表 2-3 和图 2-3 的要求。

表 2-1　老化时间分类

项目	M 类	S 类
老化试验时间/h	4000	6000

表 2-2　主型材在 -10℃时落锤冲击分类

项目	Ⅰ类	Ⅱ类
落锤质量/g	1000	1000
落锤高度/mm	1000	1500

表 2-3　主型材壁厚分类　（单位：mm）

类型	名称	A 类	B 类	C 类
▭	可视面	≥2.8	≥2.5	不规定
▨	非可视面	≥2.5	≥2.0	不规定

塑料门窗型材产品标记由老化时间类别、落锤冲击类别、可视面壁厚类别组成。例如，老化时间 4000h，落锤高度 1000mm，可视面壁厚 2.5mm，标记为：M－I－B。

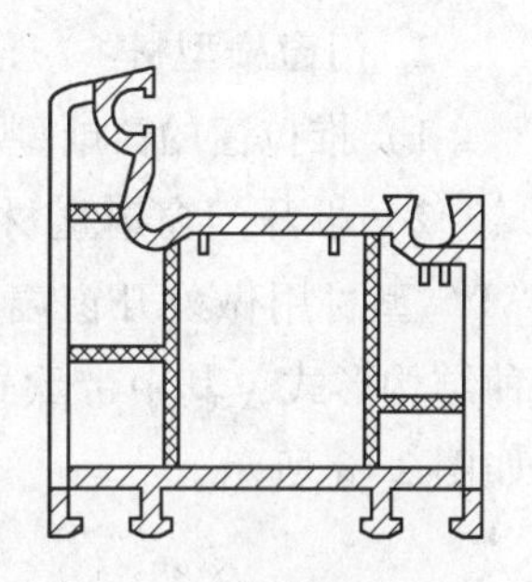

图 2-3　主型材断面图

2.1.1　主型材

主型材包括门窗框型材、扇型材及梃型材等。应用较为普遍的主型材一般为三腔结构，即增强型钢腔、排水腔和保温腔，门窗主型材的三腔室结构如图 2-4 所示。

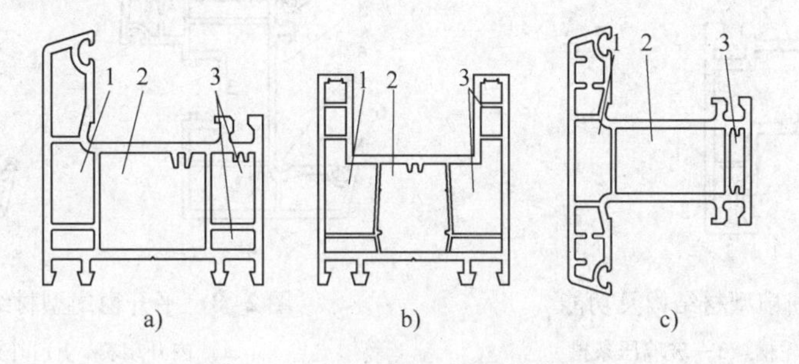

图 2-4　门窗主型材的三腔室结构

a）平开框型材　b）推拉框型材　c）梃型材

1—排水腔　2—增强型钢腔　3—保温腔

下面以典型欧式型材为例，系统介绍主型材结构及特点。

1. 门窗框型材

1）推拉门窗框型材。如图 2-5 所示，推拉门窗框型材有两轨道及三轨道的形式。二轨道推拉门窗框为“U”形，三轨道推拉门窗框型材为“山”字形，其中两个轨道用来装门窗扇，另一个轨道用来装纱扇。

2）平开门窗框型材。平开门窗框型材一般为“L”形，下部安装增强型钢及与墙体连接等，上部安装密封条与窗扇形成搭接镶嵌的密封结构（制作固定窗时，安装玻璃、密封条和压条）。平开门窗框型材断面结构如图2-6所示。

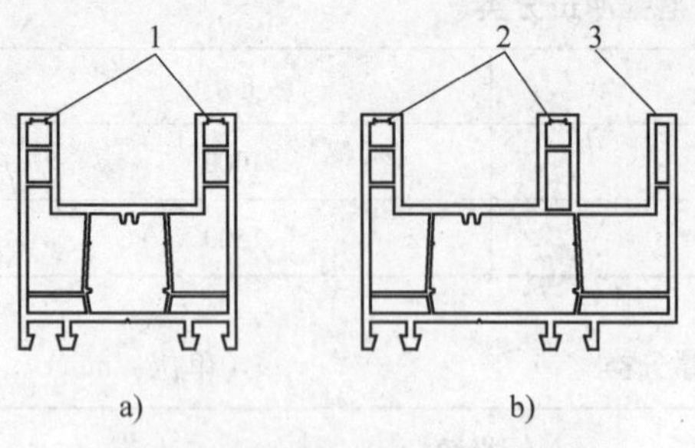

图2-5 推拉门窗框型材断面结构

a）两轨道型材 b）三轨道型材

1、2—装门窗扇轨道 3—装纱扇轨道

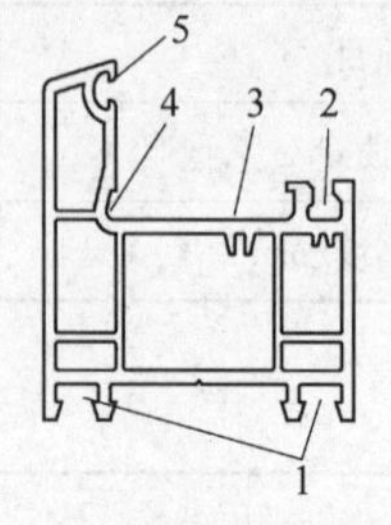

图2-6 平开门窗框型材断面结构

1—安装拼接槽 2—玻璃压条槽 3—玻璃镶嵌槽

4—加工排水槽部位 5—密封胶条槽

2. 门窗扇型材

1）推拉窗的窗扇型材一般为“h”形断面，其结构及功能如图2-7所示。

2）平开门窗扇型材一般为“Z”形或“T”形断面。其中，“Z”型材用做内开窗扇；“T”型材用做外开窗扇。“Z”型材和“T”型材又分别包括带欧式槽和不带欧式槽的两种结构形式，其中带欧式槽的结构可以安装传动器类五金件。平开窗扇型材结构及功能如图2-8所示。

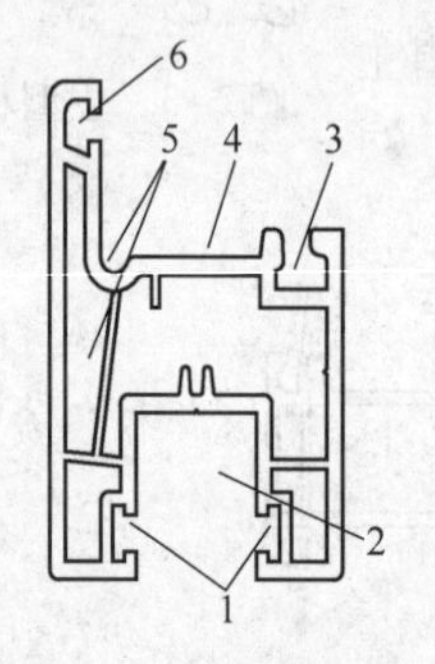

图2-7 推拉窗窗扇型材结构及功能

1—毛条槽 2—滑轮槽 3—玻璃压条槽

4—玻璃镶嵌槽 5—加工排水槽部位

6—密封胶条槽

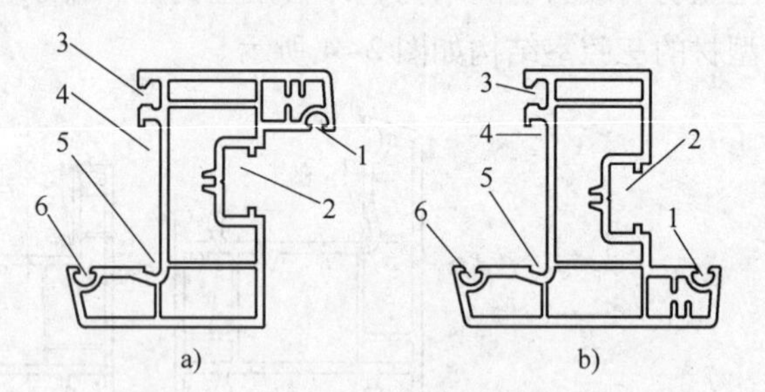

图2-8 平开窗扇型材结构及功能

a）内开扇料 b）外开扇料

1—密封胶条槽 2—五金件安装槽 3—玻璃压条槽

4—玻璃镶嵌槽 5—加工排水槽部位 6—密封胶条槽

3. 门窗梃型材

门窗梃型材包括框梃型材和扇梃型材。框梃型材用来隔开窗的上亮与开启部分，它包括“T”形框梃和“Z”形框梃两种形式；扇梃型材用来分格窗扇玻璃。门窗梃型材结构如图2-9所示。

2.1.2　辅型材

1. 玻璃压条

固定玻璃的型材简称玻璃压条，它有各种尺寸规格和结构形状，以分别适应安装单层玻璃及中空玻璃的需要。玻璃压条断面结构如图 2 - 10 所示。结构上均有用于嵌装密封条的密封胶条槽和用于同框、扇、梃型材嵌装卡接的压条脚。

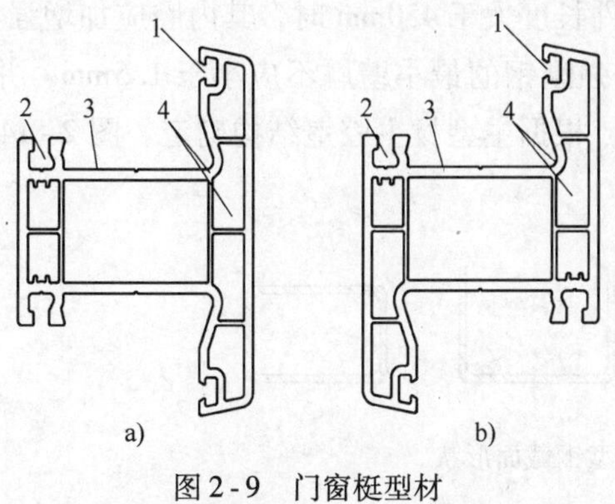

图 2 - 9　门窗梃型材

a）"T" 形框梃　b）"Z" 形框梃

1—密封胶条槽　2—玻璃压条槽

3—玻璃镶嵌槽　4—加工排水槽部位

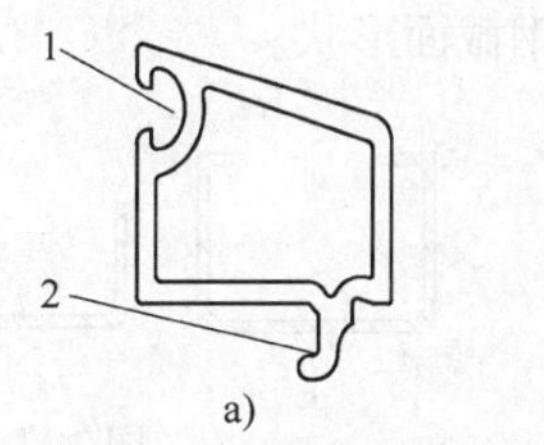

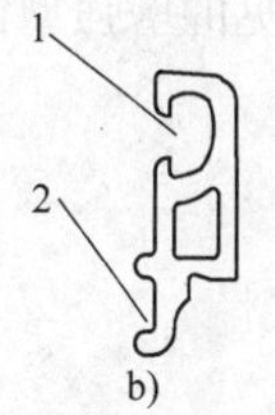

图 2 - 10　玻璃压条断面结构

1—密封胶条槽　2—玻璃压条脚

2. 拼接型材

拼接型材的作用是用于窗与窗之间或窗与门之间的组合联接，常见形式如图 2 - 11 所示。

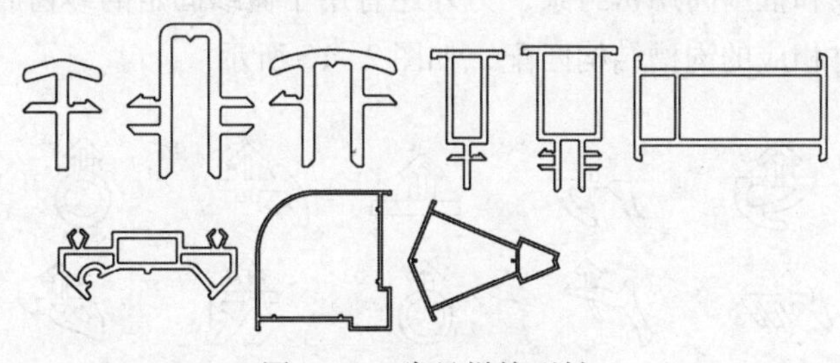

图 2 - 11　常见拼接型材

3. 纱窗型材

纱窗型材用于构成塑料窗的纱扇，如图 2 - 12 所示。

4. 推拉窗用窗扇包边型材

此种型材简称封盖，如图 2 - 13 所示。

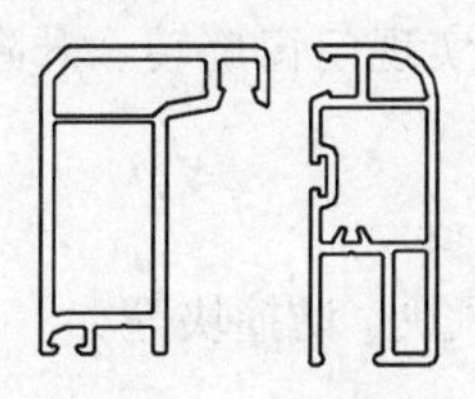

图 2 - 12　纱窗型材

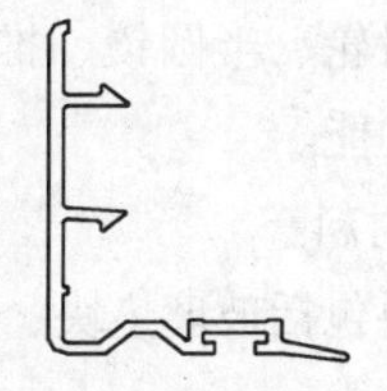

图 2 - 13　封盖

2.1.3 配件

1. 增强型钢

塑料门窗采用的增强型钢惯性矩要达到不同地区、不同建筑高度的标准风荷载的要求。现行行业标准《未增塑聚氯乙烯（PVC－U）塑料门》（JG/T 180—2005）、《未增塑聚氯乙烯（PVC－U）塑料窗》（JG/T 140—2005）规定，应根据门窗的抗风压强度、挠度计算结果确定增强型钢的规格。当门、窗用主型材构件长度大于450mm时，其内腔应加增强型钢，门增强型钢的最小壁厚不应小于2.0mm，窗增强型钢的最小壁厚不应小于1.5mm，并应采取镀锌防腐处理。增强型钢的形状和尺寸规格，根据主型材主腔室结构确定。图2-14所示为常见的增强型钢截面形状。

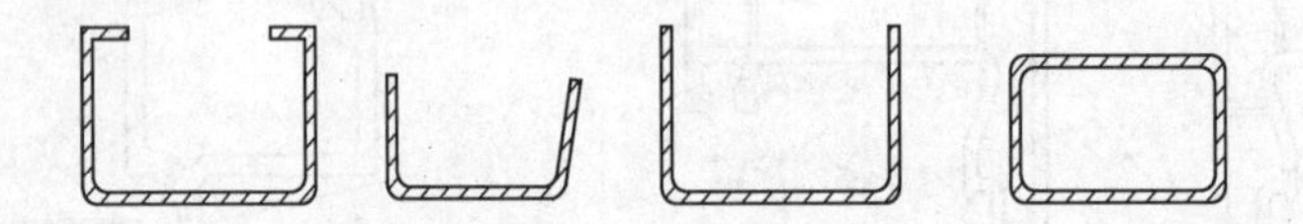

图2-14 增强型钢截面形状

2. 密封胶条及毛条

密封胶条、密封毛条是保证门窗气密性的主要配件。常用密封胶条的材质主要有改性PVC、三元乙丙（EPDM）、硅橡胶（SIR）等。密封毛条主要是硅化毛条、加片硅化毛条等，一般选用经过紫外线稳定处理的丙纶纤维加片硅化毛条。塑料门窗用密封条按用途可分为安装玻璃用密封条和框扇间用密封条，另外还有用于窗纱固定的纱窗胶条。门窗用密封条的结构形状与主型材相应的沟槽结构匹配，如图2-15所示。

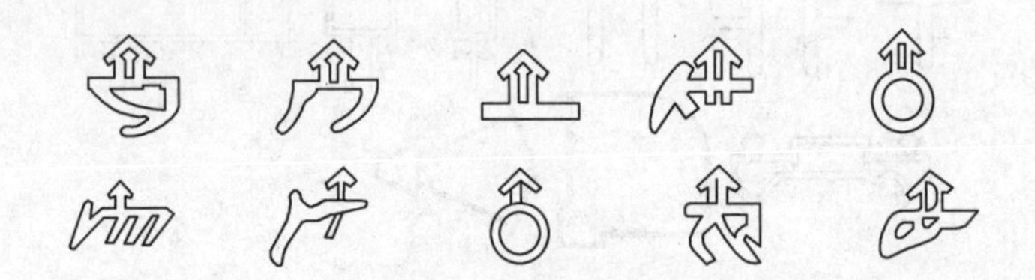

图2-15 密封条

3. 五金件

PVC－U塑料门窗是由框、扇通过五金件装配成整体的。除主、辅型材外，构成完整的塑料门窗还需要一系列五金配件，如平开门窗用铰链、执手、传动锁紧器、滑撑多点锁紧器以及推拉门窗用滑轮、半圆锁、推拉窗锁紧器等，以实现门窗旋转、升降、开启运动及密封、锁紧等使用功能。

4. 其他辅助材料

其他辅助材料包括玻璃垫块、推拉窗缓冲垫、防风块、防撞块等。

2.2　PVC－U 塑料门窗型材结构要素

根据现行行业标准《塑料门窗及型材功能结构尺寸》（JG/T 176—2005）规定，门窗用未增塑聚氯乙烯（PVC－U）型材断面功能结构尺寸指用于实现五金件安装、辅件安装、玻璃压条安装、型材相互位置及型材拼接的功能结构尺寸。

2.2.1　推拉门窗的功能结构尺寸

1. 推拉窗扇传动锁紧器槽

推拉窗扇传动锁紧器槽的结构尺寸如图 2 - 16 所示。

2. 推拉窗滑轮槽

推拉窗滑轮槽的结构尺寸有两种，Ⅰ型滑轮槽如图 2 - 16 所示，Ⅱ型滑轮槽如图 2 - 17 所示。

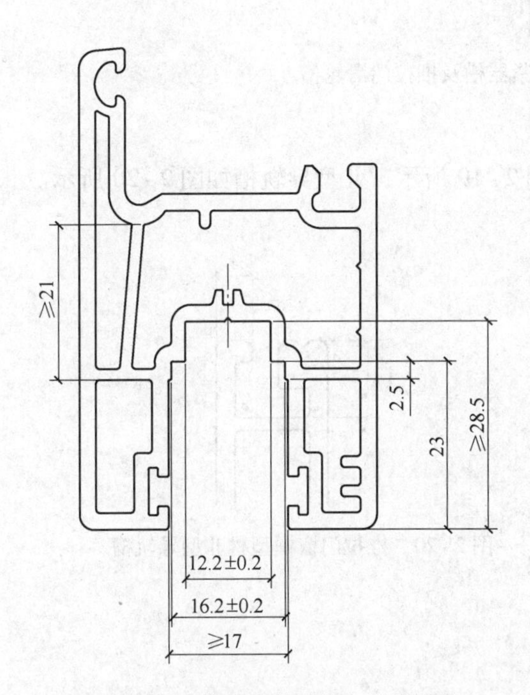

图 2 - 16　推拉窗扇传动锁紧器槽及推拉窗Ⅰ型滑轮槽

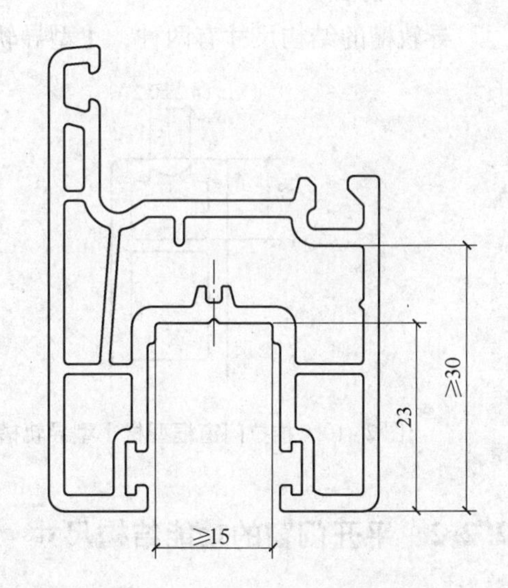

图 2 - 17　推拉窗Ⅱ型滑轮槽

3. 推拉门扇传动锁紧器槽

推拉门扇传动锁紧器槽的结构尺寸如图 2 - 18 所示。

4. 推拉门滑轮槽

推拉门滑轮槽的结构尺寸与推拉门扇传动锁紧器槽的结构尺寸相同，如图 2 - 18 所示。

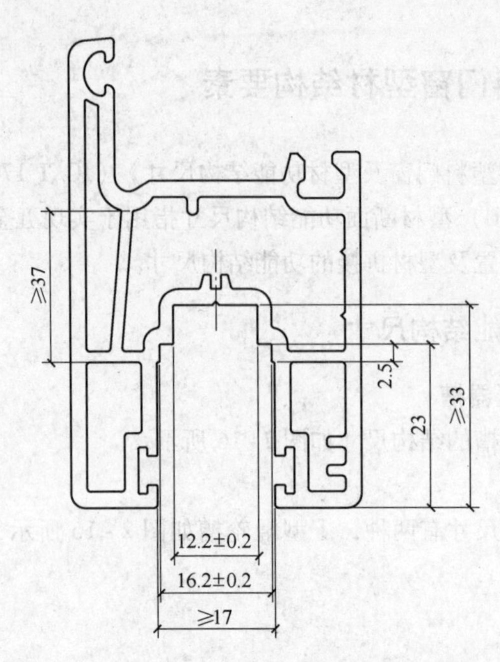

图 2-18 推拉门扇传动锁紧器槽及推拉门滑轮槽

5. 导轨槽

导轨槽的结构尺寸有两种，Ⅰ型导轨槽如图 2-19 所示，Ⅱ型导轨槽如图 2-20 所示。

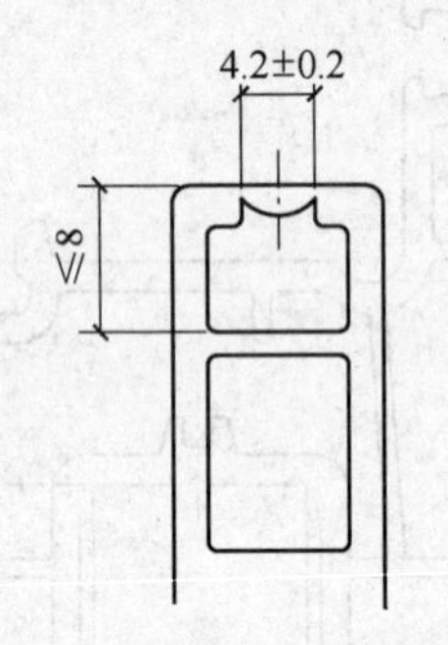

图 2-19 推拉门窗框型材Ⅰ型导轨槽

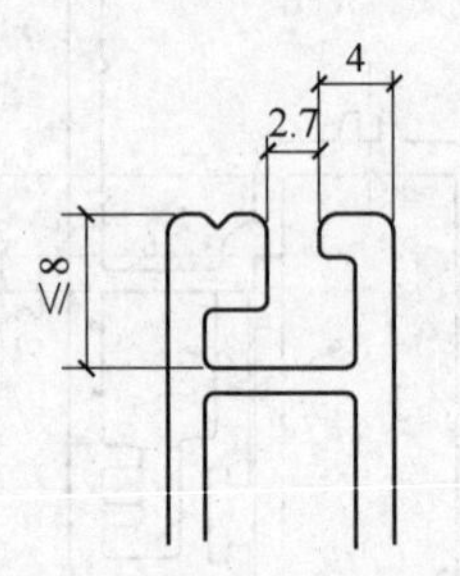

图 2-20 推拉门窗框型材Ⅱ型导轨槽

2.2.2 平开门窗的功能结构尺寸

1. 内平开窗传动锁紧器槽

内平开窗传动锁紧器槽的结构尺寸如图 2-21 所示。

1）尺寸（9.4±0.2）mm：传动器齿轮箱处安装尺寸一般为 9.2mm，保证传动器齿轮箱处与型材外壁接触紧密，固定牢固。

2）尺寸 2.5mm 及 2mm：传动器定杆尺寸一般厚度为 2.5mm，该尺寸保证传动器外表面与型材面平齐；2mm 尺寸保证支撑传动器定杆强度和使传动器内壁与型材表面平齐。

3）尺寸（12.2±0.2）mm：保证传动器动杆能自由滑动，标准的传动器动杆宽度为 12mm。

4）尺寸（16.2±0.2）mm：保证传动锁紧器的正常安装，定杆宽度 16mm。

2. 内平开窗框、扇型材配合位置

内平开窗框、扇型材的配合位置，如图 2-22 所示。

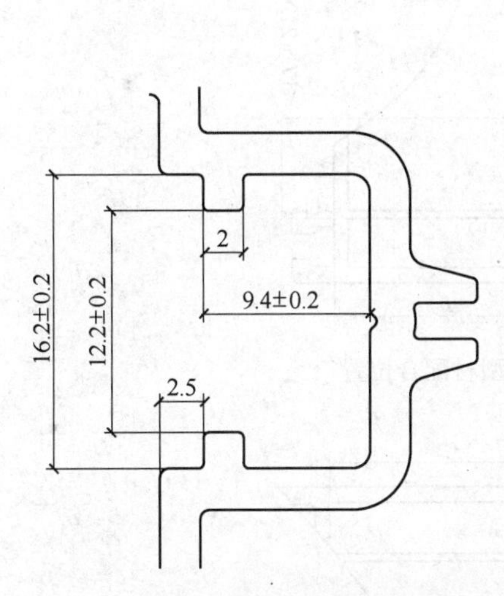

图 2-21　平开门及平开窗传动锁紧器槽

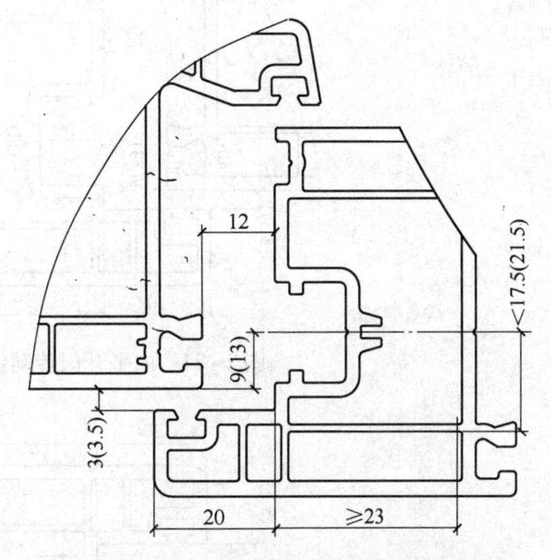

图 2-22　内平开窗框、扇型材配合位置

1）尺寸 12mm：五金件活动空间，保证锁点与锁座正确的锁紧位置，保证摩擦铰链及传动锁紧器的安装空间。

2）尺寸 9（13）mm：五金件安装后其中心线与框型材小面的距离，保证锁点与锁座正确的锁紧位置。

3）尺寸 3（3.5）mm：胶条压缩厚度，保证平开门窗框扇密封功能（合页通道）。

4）尺寸 20mm：平开门窗扇型材搭接边，保证框、扇搭接量 20mm－12mm＝8mm。

5）尺寸≥23mm：保证传动锁紧器齿轮箱的边缘与增强型钢的内壁有一定的间隙。齿轮箱的高度一般为 18mm，钢衬厚度最大为 2～3mm，间隙量最小为 2mm，型材壁厚 3mm，便于安装不同中心距的执手。

3. 外平开窗传动锁紧器槽

外平开窗传动锁紧器槽的结构尺寸如图 2-21 所示，型材的配合位置如图 2-23 所示。

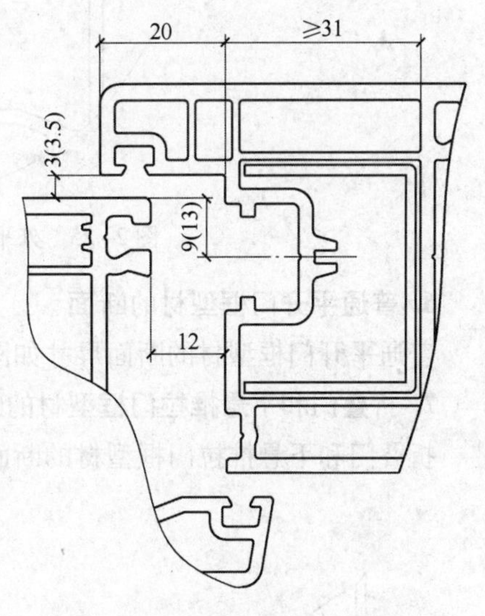

图 2-23　外平开窗传动锁紧器槽型材配合位置

4. 内平开门传动锁紧器槽

内平开门传动锁紧器槽的结构尺寸如图 2-21 所示，型材的配合位置如图 2-24 所示。

5. 外平开门传动锁紧器槽

外平开门传动锁紧器槽的结构尺寸如图 2-21 所示，型材的配合位置如图 2-25 所示。

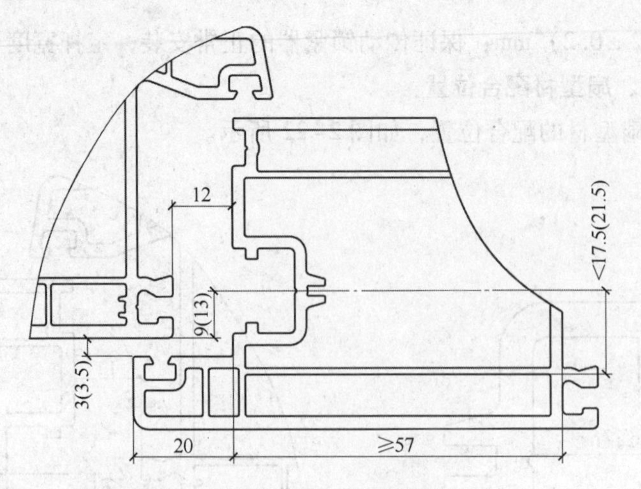

图 2-24　内平开门传动锁紧器槽型材配合位置

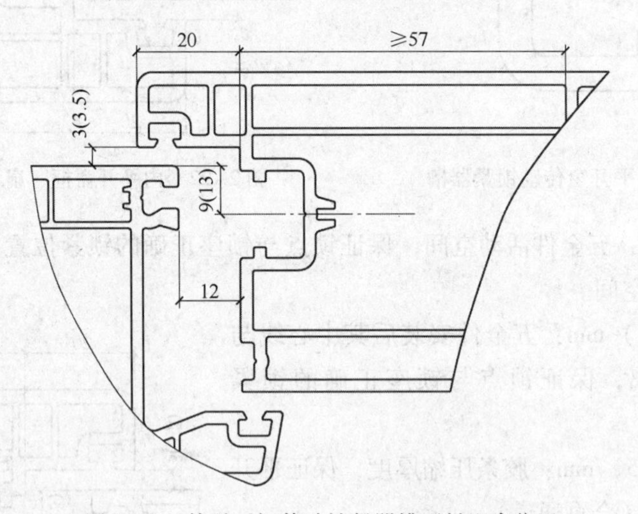

图 2-25　外平开门传动锁紧器槽型材配合位置

6. 普通平开门框型材的断面

普通平开门框型材的断面尺寸如图 2-26 所示，其中框型材小面尺寸为 50mm。

7. 折叠门和下悬推拉门框型材的断面

折叠门和下悬推拉门框型材的断面尺寸如图 2-27 所示。

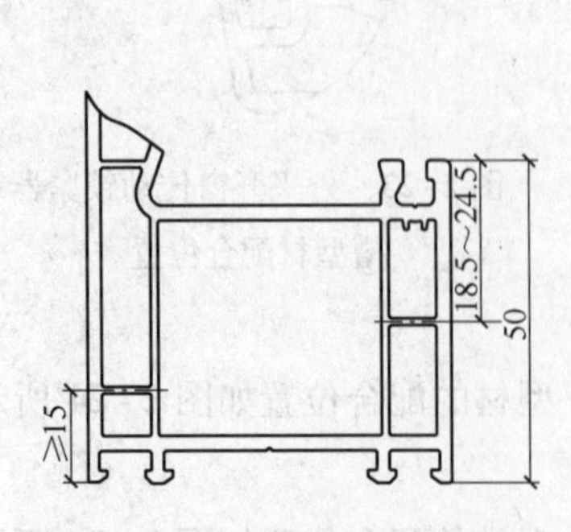

图 2-26　平开门框型材断面尺寸

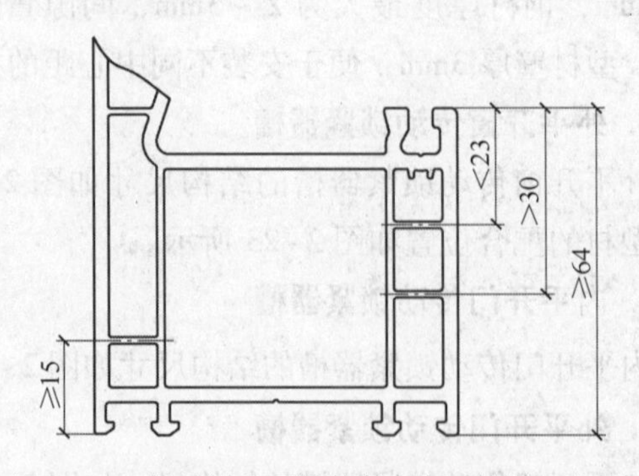

图 2-27　折叠门和下悬推拉门框型材断面尺寸

2.2.3　密封胶条槽的结构尺寸

密封胶条槽的结构尺寸有两种，Ⅰ型密封胶条槽如图 2-28 所示，Ⅱ型如图 2-29 所示。

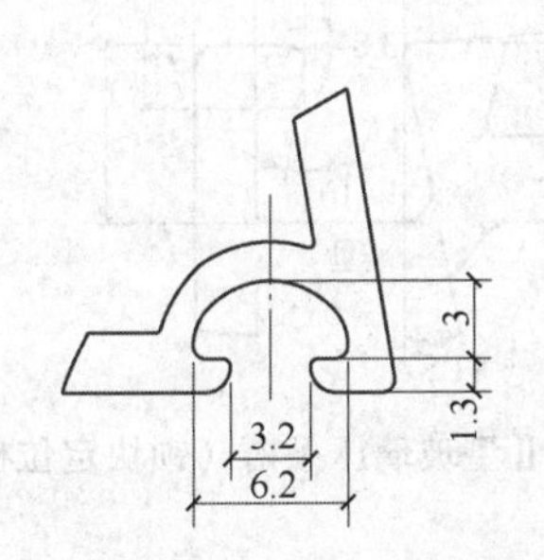

图 2-28　Ⅰ型密封胶条槽

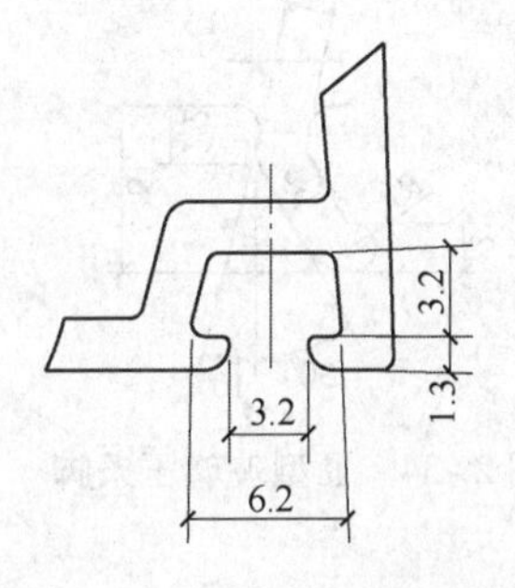

图 2-29　Ⅱ型密封胶条槽

2.2.4　密封毛条槽的结构尺寸

密封毛条槽的结构尺寸有两种，Ⅰ型密封毛条槽如图 2-30 所示，Ⅱ型如图 2-31 所示。

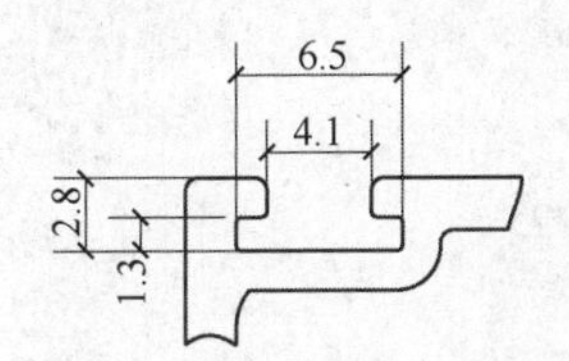

图 2-30　Ⅰ型密封毛条槽

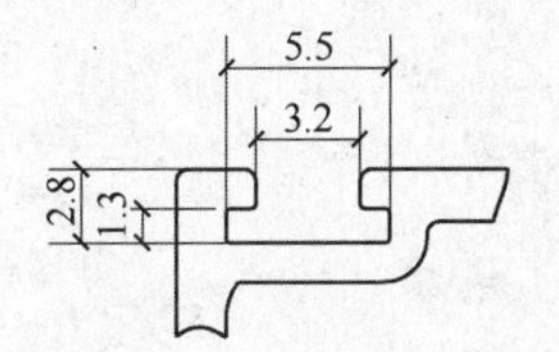

图 2-31　Ⅱ型密封毛条槽

2.2.5　玻璃压条脚和玻璃压条槽（锁块定位槽）的结构尺寸

玻璃压条脚是玻璃压条型材上与框、扇、梃型材装配的部位，玻璃压条槽是框、扇、梃型材上与玻璃压条型材装配的部位。玻璃压条脚和玻璃压条槽（锁块定位槽）的结构尺寸有两种。

1. Ⅰ型玻璃压条脚、槽

Ⅰ型玻璃压条脚如图 2-32 所示，Ⅰ型玻璃压条槽（锁块定位槽）如图 2-33 所示。

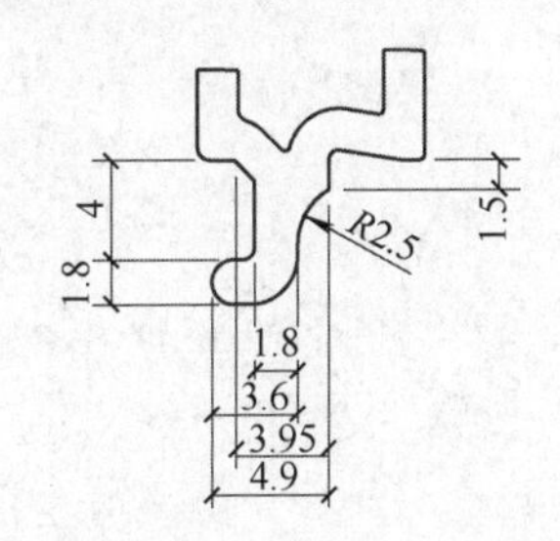

图 2-32　Ⅰ型玻璃压条脚

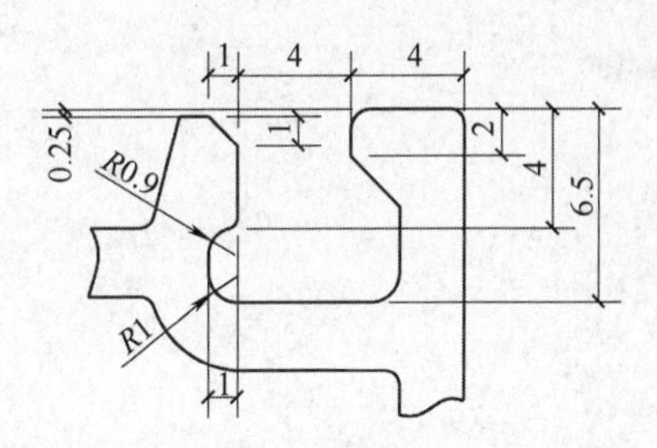

图 2-33　Ⅰ型玻璃压条槽（锁块定位槽）

2. Ⅱ型玻璃压条脚、槽

Ⅱ型玻璃压条脚如图 2 - 34 所示，Ⅱ型玻璃压条槽（锁块定位槽）如图 2 - 35 所示。

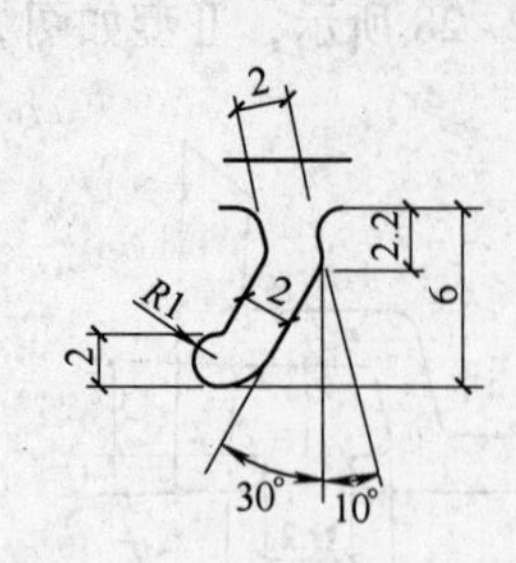

图 2 - 34 Ⅱ型玻璃压条脚

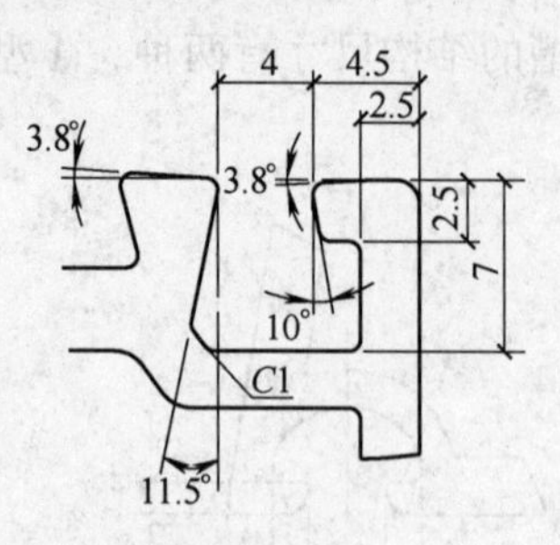

图 2 - 35 Ⅱ型玻璃压条槽（锁块定位槽）

第3章　PVC－U塑料门窗工程设计

建筑门窗工程设计是根据建筑设计图纸（建筑构造、分格方案、开启方式），以及建筑物所在地区的地理位置、气候条件和建筑物的功能要求，对建筑门窗抗风压性能、气密性能、水密性能、保温与隔热性能、空气声隔声性能、采光性能等物理性能进行工程设计，满足建筑物功能要求，做到技术先进、经济合理、安全可靠。建筑门窗工程设计是建筑门窗投标文件中的重要技术文件。

3.1　工程设计一般规定

1）门窗工程有下列情况之一时，必须使用安全玻璃。

① 面积大于1.5m^2的窗玻璃。

② 距离可踏面高度900mm以下的窗玻璃。

③ 与水平夹角不大于75°的倾斜窗，包括天窗、采光顶等在内的顶棚。

④ 7层及7层以上建筑外开窗。

2）门玻璃应在视线高度设置明显的警示标志。

3）塑料门窗的热工性能设计应符合国家现行居住建筑和公共建筑节能设计标准的有关规定。

4）门窗主要受力杆件内衬增强型钢的惯性矩应满足受力要求，增强型钢应与型材内腔紧密结合。

5）由单樘窗拼接而成的组合窗，拼接方式应符合设计要求，拼接处应考虑窗的伸缩变位。组合门窗洞口应在拼樘料的对应位置设置拼樘料连接件或预留洞。

6）轻质砌块或加气混凝土墙洞口应在门窗框与墙体的连接部位设置预埋件。

7）玻璃承重垫块应选用邵氏硬度为70～90（A）的硬橡胶或塑料，不得使用硫化再生橡胶、木片或其他吸水性材料。垫块长度宜为80～100mm，宽度应大于玻璃厚度2mm以上，厚度应按框、扇（梃）与玻璃的间隙确定，并不宜小于3mm。定位垫块应能吸收温度变化产生的变形。

8）塑料门窗设计宜考虑防蚊蝇措施。门窗用窗纱应使用耐老化、耐锈蚀、耐燃的材料。

3.2　门窗立面设计和力学性能

3.2.1　门窗立面设计

门窗的宽、高构造尺寸，应根据天然采光设计确定的房间有效采光面积和建筑节能要求的窗墙面积比等因素综合确定。

门窗的立面分格尺寸，应根据开启扇允许最大宽、高尺寸，并考虑玻璃原片的成材率等综合确定。

门窗的开启形式和开启面积比例，可根据各类用房的特点确定，并应满足房间自然通风，以及启闭、清洁、维修的方便性和安全性的要求。

门窗的立面造型、质感、色彩等应与建筑外立面及周围环境和室内环境协调。

3.2.2 门窗力学性能

1. 门的力学性能

平开门、平开下悬门、推拉下悬门、折叠门、地弹簧门的力学性能应符合表1-7的要求，推拉门的力学性能应符合表1-5的要求。

2. 窗的力学性能

平开窗、平开下悬窗、上悬窗、中悬窗、下悬窗的力学性能应符合表1-8的要求，推拉窗的力学性能应符合表1-6的要求。

开关频繁或设计使用年限要求高的门窗，其开关疲劳可根据实际需要，适当提高反复开关设计次数。

3.3 抗风压性能设计

3.3.1 抗风压性能分级及设计要求

1. 抗风压性能分级

抗风压性能指外门窗正常关闭状态时在风压作用下不发生损坏（如开裂、面板破损、局部屈服、粘结失效等）和五金件松动、开启困难等功能障碍的能力。按现行国家标准《建筑外门窗气密、水密、抗风压性能分级及检测方法》（GB/T 7106—2008）规定，抗风压性能采用定级检测压力差值 P_3 为分级指标，见表3-1。

表3-1 抗风压性能分级 （单位：kPa）

分级	1	2	3	4	5	6	7	8	9
分级指标值 P_3	$1.0 \leqslant P_3 < 1.5$	$1.5 \leqslant P_3 < 2.0$	$2.0 \leqslant P_3 < 2.5$	$2.5 \leqslant P_3 < 3.0$	$3.0 \leqslant P_3 < 3.5$	$3.5 \leqslant P_3 < 4.0$	$4.0 \leqslant P_3 < 4.5$	$4.5 \leqslant P_3 < 5.0$	$P_3 \geqslant 5.0$

注：第9级应在分级后同时注明具体检测压力差值。

2. 抗风压性能设计要求

1）建筑外门窗所承受的风荷载应符合现行国家标准《建筑结构荷载规范》（GB 50009）规定的围护结构风荷载标准值，且不应小于1000Pa。

2）门窗玻璃的抗风压设计及玻璃的厚度、最大许用面积、安装尺寸等，应按现行行业标准《建筑玻璃应用技术规程》（JGJ 113—2009）的规定执行。

3）门窗构件在风荷载标准值作用下产生的最大挠度应满足下式要求，且挠度绝对值应不大于 20mm。

$$f_{max} \leqslant [f]$$

式中 f_{max}——在荷载标准值作用下构件弯曲最大挠度值（mm）；

$[f]$——构件弯曲允许挠度值（mm），门窗镶嵌单层玻璃、夹层玻璃挠度按 $L/100$ 计算，门窗镶嵌中空玻璃挠度按 $L/150$ 计算（L 为杆件的跨度，悬臂杆件可取悬臂长度的 2 倍）。

4）门窗构件的连接计算应符合下式要求：

$$\sigma_k \leqslant f_k/K$$

式中 σ_k——荷载标准值作用所产生的应力；

f_k——连接材料强度标准值；

K——安全系数。

门窗连接材料的强度标准值和安全系数应符合表 3-2 的规定。

表 3-2 门窗连接材料强度标准值和安全系数

连接件	材料强度标准值（f_k）	应力	安全系数
不锈钢连接螺栓、螺钉	A1－50、A2－50、A4－50 $\sigma_{P0.2}=210MPa$ A1－70、A2－70、A4－70 $\sigma_{P0.2}=450MPa$ A1－80、A2－80、A4－80 $\sigma_{P0.2}=600MPa$	抗拉	1.55
		抗剪	2.67
碳钢连接件	Q235 $\sigma_s=235MPa$ Q345 $\sigma_s=345MPa$	抗拉（压）	1.55
		抗剪	2.67
		抗挤压	1.10
不锈钢连接件	0Cr18Ni9 $\sigma_{P0.2}=205MPa$ 0Cr17Ni12Mo2 $\sigma_{P0.2}=205MPa$	抗拉（压）	1.55
		抗剪	2.67
		抗挤压	1.10
铝合金连接件	合金牌号 6061 状态 T4 $\sigma_{P0.2}=110MPa$ 合金牌号 6061 状态 T6 $\sigma_{P0.2}=245MPa$ 合金牌号 6063 状态 T5 $\sigma_{P0.2}=110MPa$ 合金牌号 6063 状态 T6 $\sigma_{P0.2}=180MPa$ 合金牌号 6063A 状态 T5 壁厚小于 10mm $\sigma_{P0.2}=160MPa$ 合金牌号 6063A 状态 T6 壁厚小于 10mm $\sigma_{P0.2}=190MPa$	抗拉（压）	1.80
		抗剪	3.10
		抗挤压	1.10

5）用于门窗框、扇连接的配件，其设计承载力应小于承载力许用值。对于不能提供承载力许用值的配件，应进行试验确定其承载力，并根据安全使用的最小荷载值除以安全系数 K（取 1.65）来换算承载力许用值。

3.3.2 门窗杆件抗风压性能设计

现行行业标准《未增塑聚氯乙烯（PVC－U）塑料窗》（JG/T 140—2005）附录D建筑外窗抗风压强度、挠度计算方法，适用于各种材质的平开式及推拉式建筑外窗的抗风强度的计算和验算，也可用于四面支撑的其他开启形式的建筑外门和外窗的抗风压强度的计算。

1. 荷载分布与计算

（1）荷载分布 建筑外窗在风荷载作用下，承受与外窗平面垂直的横向水平力。外窗各框间构成的受荷单元可视为四边铰接的简支板。在每个受荷单元的四角各作45°斜线，使其与平行于长边的中线相交，这些线把受荷单元分成四块，如图3-1所示，每块面积所承受的风荷载传给其相邻的构件，每个构件可近似地简化为简支梁上呈矩形、梯形或三角形的均布荷载，如图3-2～图3-5所示。

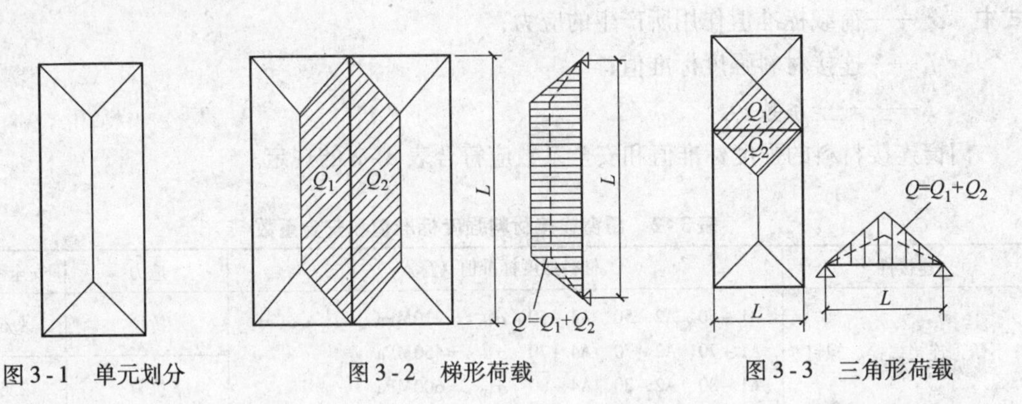

图3-1 单元划分　　图3-2 梯形荷载　　图3-3 三角形荷载

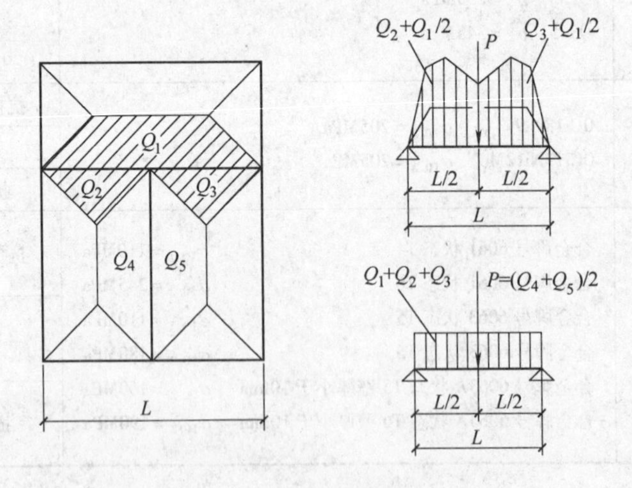

图3-4 简化模型（一）

（2）荷载计算 建筑外窗在风荷载作用下，受力构件上的总荷载（Q）为该构件所承受的受荷面积（A）与施加在该面积上的单位风荷载（W）之乘积：

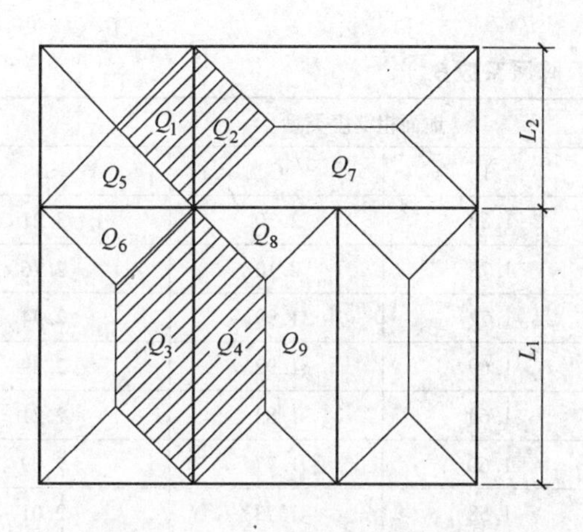

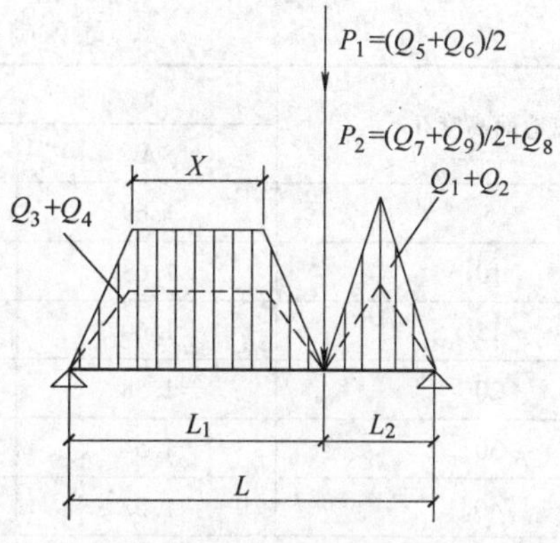

若 $L_2/L_1<1/2$ 且 $X<L/3$ 时，则按下图计算：

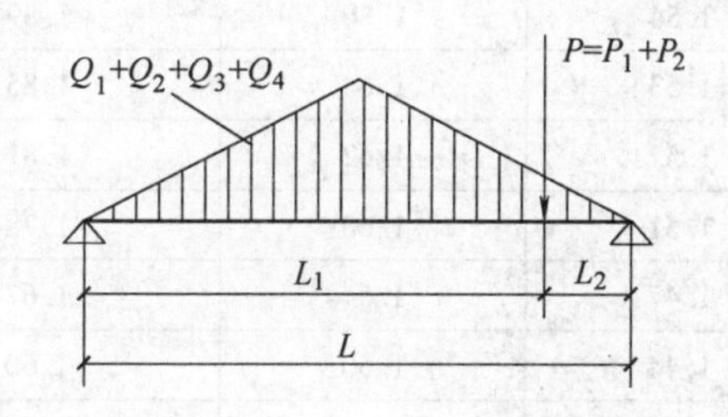

若 $L_2/L_1\geqslant1/2$ 或 $L_2/L_1\leqslant1/2$ 时，且 $X\geqslant L/3$ 时，则按下图计算：

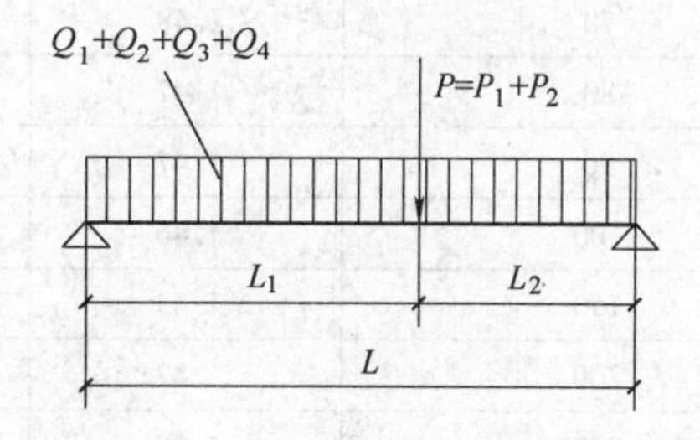

图3-5　简化模型（二）

$$Q = A \cdot W$$

式中　Q——受力构件所承受总荷载（N）；

A——受力构件所承受的受荷面积（m^2）；

W——施加在受荷面积上的单位风荷载（Pa），按现行国家标准《建筑结构荷载规范》（GB 50009）取值。

当进行建筑外窗的强度计算时，其受力构件上的总荷载（Q）为该构件所承受的受荷面积（A）与该窗的强度等级相对应的单位荷载（W_G）之乘积。

根据我国现行国家标准《建筑结构荷载规范》（GB 50009）规定，建筑门窗按照围护结构考虑，作用在建筑门窗上的风荷载标准值与其承受的基本风压、建筑物高度、形状（体型）等因素有关。

$$w_k = \beta_{gz} \cdot \mu_{sl} \cdot \mu_z \cdot w_0$$

式中　w_k——风荷载标准值（kN/m^2）；

β_{gz}——高度 z 处的阵风系数，见表3-3；

μ_{sl}——局部风压体型系数，取 $\mu_{sl}=1$；

μ_z——风压高度变化系数，见表3-4；

w_0——门窗所在地基本风压（kN/m^2）。

表 3-3 阵风系数 β_{gz}

离地面高度/m	地面粗糙度类型			
	A	B	C	D
5	1.69	1.88	2.30	3.21
10	1.63	1.78	2.10	2.76
15	1.60	1.72	1.99	2.54
20	1.58	1.69	1.92	2.39
30	1.54	1.64	1.83	2.21
40	1.52	1.60	1.77	2.09
50	1.51	1.58	1.73	2.01
60	1.49	1.56	1.69	1.94
70	1.48	1.54	1.66	1.89
80	1.47	1.53	1.64	1.85
90	1.47	1.52	1.62	1.81
100	1.46	1.51	1.60	1.78
150	1.43	1.47	1.54	1.67
200	1.42	1.44	1.50	1.60
250	1.40	1.42	1.46	1.55
300	1.39	1.41	1.44	1.51

注：A类指近海海面和海岛、海岸、湖岸及沙漠地区；B类指田野、乡村、丛林、丘陵以及房屋比较稀疏的乡镇和城市郊区；C类指有密集建筑群的城市市区；D类指有密集建筑群且房屋较高的城市市区。

表 3-4 风压高度变化系数 μ_z

离地面或海平面高度/m	地面粗糙度类别			
	A	B	C	D
5	1.17	1.00	0.74	0.62
10	1.38	1.00	0.74	0.62
15	1.52	1.14	0.74	0.62
20	1.63	1.25	0.84	0.62
30	1.80	1.42	1.00	0.62
40	1.92	1.56	1.13	0.73
50	2.03	1.67	1.25	0.84
60	2.12	1.77	1.35	0.93
70	2.20	1.86	1.45	1.02
80	2.27	1.95	1.54	1.11
90	2.34	2.02	1.62	1.19
100	2.40	2.09	1.70	1.27
150	2.64	2.38	2.03	1.61

（续）

离地面或海平面高度/m	地面粗糙度类别			
	A	B	C	D
200	2.83	2.61	2.30	1.92
250	2.99	2.80	2.54	2.19
300	3.12	2.97	2.75	2.45
350	3.12	3.12	2.94	2.68
400	3.12	3.12	3.12	2.91
≥450	3.12	3.12	3.12	3.12

2. 截面特性

建筑外窗的受力构件在材料、截面积和受荷状态确定的情况下，构件的承载能力主要取决于与截面形状有关的两个特性，即截面的惯性矩和抵抗矩。

（1）截面的惯性矩　截面的惯性矩（I）与材料的弹性模量（E）共同决定着构件的挠度（f）。

（2）截面的抵抗矩　当荷载条件一定时，截面的抵抗矩（W_j）决定构件应力的大小。

（3）截面特性的确定　当建筑外窗用料采用标准型材时，其截面特性可在相关材料手册中查得。

当建筑外窗用料采用非标准型材时，其截面特性需要通过计算来确定。简单矩形截面的惯性矩 $I=bh^3/12$；截面的抵抗矩 $W_j=2\times I/h$。

3. 强度计算

建筑外窗受力构件受荷情况近似简化为简支梁上承受矩形、梯形或三角形的均布荷载，如图 3-6 所示；有时还可能承受集中荷载，如图 3-7 所示，其弯曲应力和剪切应力计算如下。

（1）弯矩的计算

1）建筑外窗受力杆件承受均布荷载时：如图 3-6a 所示，在矩形荷载作用下简支梁的弯矩按 $M=QL/8$ 计算；如图 3-6b 所示，在梯形荷载作用下简支梁的弯矩见表 3-5，其中 $K=K_L/L$；如图 3-6c 所示，在三角形荷载作用下简支梁的弯矩按 $M=QL/6$ 计算。

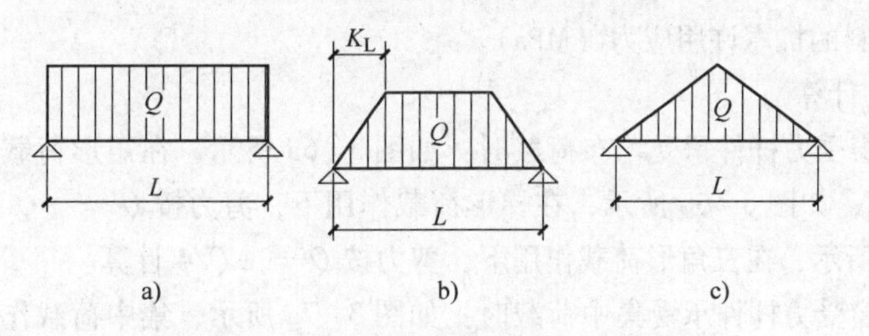

图 3-6　受力构件承受均布荷载类型

a）矩形均布荷载　b）梯形均布荷载　c）三角形均布荷载

表3-5 承受梯形荷载简支梁的弯矩

系数	$K=0$	$K=0.1$	$K=0.2$	$K=0.3$	$K=0.4$	$K=0.5$
M	$QL/8.00$	$QL/7.30$	$QL/6.76$	$QL/6.36$	$QL/6.10$	$QL/6.00$

2）建筑外窗受力杆件承受集中荷载时：如图3-7a所示，集中荷载作用于跨中时弯矩按 $M=PL/4$ 计算；如图3-7b所示，集中荷载作用于任意点上时弯矩按 $M=PL_1L_2/L$ 计算。

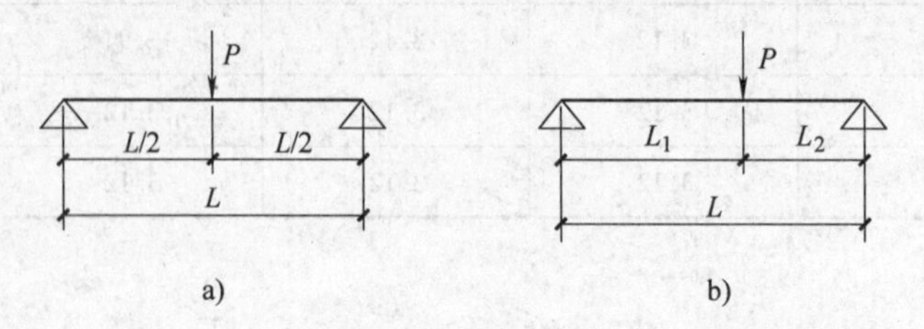

图3-7 受力构件承受集中荷载的类型

a）集中荷载作用于跨中 b）集中荷载作用于任意位置

3）当外平开窗的窗扇受负压或内平开窗的窗扇受正压且采用单锁点时，其窗框的竖框受荷情况按紧固五金件处有集中荷载作用的简支梁计算，如图3-7所示；其窗扇边梃受荷情况可近似简化为以紧固五金件处为固定端的悬臂梁上承受矩形均布荷载，如图3-8所示，其弯矩按 $M=QL/2$ 计算。

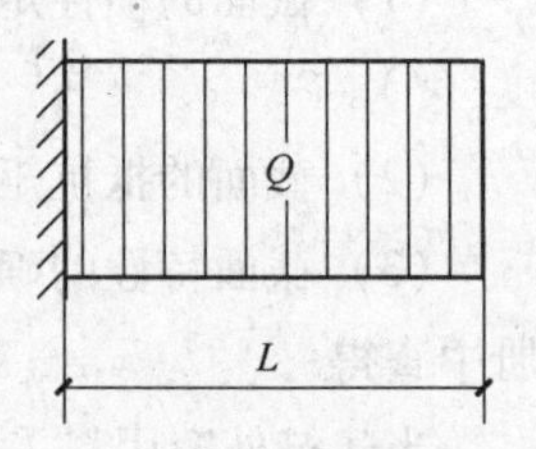

图3-8 边梃承受悬臂矩形均布荷载

建筑外窗受力构件上有均布荷载和集中荷载同时作用时，其弯矩为它们各自产生弯矩叠加的代数和。

（2）弯曲应力的计算

$$\sigma_{max}=M/W_j\leqslant[\sigma]$$

$$W_j=I/C$$

式中 M——受力构件承受的最大弯矩（N·m）；

W_j——净截面的抵抗矩（mm^3）；

σ_{max}——计算截面上的最大应力（MPa）；

I——计算截面的惯性矩（mm^4）；

C——中和轴到截面边缘的最大距离（mm）；

$[\sigma]$——材料的抗弯许用应力（MPa）。

（3）剪力的计算

1）建筑外窗受力杆件承受均布荷载时：如图3-6a所示，在矩形荷载作用下，剪力按 $Q'=\pm Q/2$ 计算；如图3-6b所示，在梯形荷载作用下，剪力按 $Q'=\pm Q\ (1-K_L/L)/2$ 计算；如图3-6c所示，在三角形荷载作用下，剪力按 $Q'=\pm Q/4$ 计算。

2）建筑外窗受力杆件承受集中荷载时：如图3-7a所示，集中荷载作用于跨中时，剪力按 $Q'=\pm P/2$ 计算；如图3-7b所示，集中荷载作用于任意点上时，剪力按 $Q'_{左}=PL_2/L$；$Q'_{右}=-P\cdot L_1/L$ 计算。

3）当外平开窗的窗扇受负压或内平开窗的窗扇受正压且采用单锁点时，其窗框的竖框受荷情况按紧固五金件处有集中荷载作用的简支梁计算，如图 3-7 所示；其窗扇边梃受荷情况可近似简化为以紧固五金件处为固定端的悬臂梁上承受矩形均布荷载，如图 3-8 所示，其剪力按 $Q' = -Q$ 计算。

建筑外窗受力构件上有均布荷载和集中荷载同时作用时，其剪力为它们各自产生弯矩叠加的代数和。

（4）剪切应力的计算

$$\tau_{max} = Q'S/(I\delta) \leqslant [\tau]$$

式中　τ_{max}——计算截面上的最大剪切应力（MPa）；

Q'——计算截面所承受的剪力（N）；

S——计算剪切应力处以上毛截面对中性轴的面积矩（mm^3）；

I——毛截面的惯性矩（mm^4）；

δ——腹板的厚度（mm）；

$[\tau]$——材料的抗剪许用应力（MPa）。

4. 挠度的计算

建筑外窗受力构件受荷情况近似简化为简支梁上承受矩形、梯形或三角形的均布荷载，如图 3-6 所示；有时还可能承受集中荷载，如图 3-7 所示，其挠度计算如下。

1）建筑外窗受力杆件承受均布荷载时：如图 3-6a 所示，在矩形荷载作用下，挠度按 $f_{max} = 5QL^3/(384EI)$ 计算；如图 3-6b 所示，在梯形荷载作用下，挠度计算见表 3-6，其中 $K = K_L/L$；如图 3-6c 所示，在三角形荷载作用下，挠度按 $f_{max} = QL^3/(60EI)$ 计算。

表 3-6　承受梯形荷载简支梁的挠度

系数	$K=0$	$K=0.1$	$K=0.2$	$K=0.3$	$K=0.4$	$K=0.5$
f_{max}	$\frac{QL^3}{76.8EI}$	$\frac{QL^3}{70.2EI}$	$\frac{QL^3}{65.6EI}$	$\frac{QL^3}{62.4EI}$	$\frac{QL^3}{60.6EI}$	$\frac{QL^3}{60.0EI}$

2）建筑外窗受力杆件承受集中荷载时：如图 3-7a 所示，集中荷载作用于跨中时，挠度按 $f_{max} = PL^3/(48EI)$ 计算；如图 3-7b 所示，集中荷载作用于任意点上时，挠度按 $f_{max} = [PL_1L_2(L+L_2)\sqrt[3]{3 \times L_1(L+L_2)}]/(27EIL)$ 计算。

3）当外平开窗的窗扇受负压或内平开窗的窗扇受正压且采用单锁点时，其窗框的竖框受荷情况按紧固五金件处有集中荷载作用的简支梁计算，如图 3-7 所示；其窗扇边梃受荷情况可近似简化为以紧固五金件处为固定端的悬臂梁上承受矩形均布荷载，如图 3-8 所示，其挠度按 $f_{max} = QL^3/8EI$ 计算。

受力构件挠度 f_{max} 满足条件：

$$f_{max} \leqslant [f]$$

式中　f_{max}——受力构件在外力作用下产生的最大挠度（mm）；

$[f]$——受力构件的允许挠度（mm），其绝对值不应超过 20mm。当门窗镶嵌单层玻璃、夹层玻璃时，$[f]=L/120$，当门窗镶嵌中空玻璃时，$[f]=L/180$；建筑外窗受力构件有均布荷载和集中荷载同时作用时，其挠度为它们各自产生挠度叠加的代数和。

5. 联接计算

为了确保建筑外窗在使用时的安全，要对其受力构件进行端部联接计算。

（1）对焊联接的计算　当端部联接采用对焊时，需要进行焊缝处的剪切应力验算：

$$\tau = 1.5Q'/(\delta L_j) \leqslant [\tau_b]$$

式中　Q'——作用于联接处的剪力（N）；

δ——联接件中腹板的厚度（mm）；

L_j——焊缝的计算长度（mm）；

τ——焊缝处的剪切应力（MPa）；

$[\tau_b]$——对接焊缝的抗剪许用应力（MPa）。

当验算复杂截面时，其剪切应力按腹板与中和轴的距离分配选取最不利的截面代入公式进行验算。

（2）螺栓联接的计算　当螺栓联接的横截面与受力方向平行时，应验算螺栓的剪切应力，同时还应验算螺栓的承压应力；当其横截面与受力方向垂直时，需验算其抗拉承载力。每个螺栓承载能力的计算公式如下。

1）受力情况为抗剪时

$$[N_j^L] = n_j(\pi d^2/4)\cdot[\tau^L]$$

2）受力情况为承压时

$$[N_c^L] = d\Sigma\delta[\sigma_c^L]$$

3）受力情况为抗拉时

$$[N_L^L] = (\pi d_c^2/4)\cdot[\sigma_L^L]$$

式中　$[N_j^L]$、$[N_c^L]$ 和 $[N_L^L]$——每个螺栓的抗剪、承压和抗拉允许承载能力（N）；

$[\tau^L]$、$[\sigma_c^L]$ 和 $[\sigma_L^L]$——螺栓的抗剪、承压和抗拉的允许应力（MPa）；

n_j——每个螺栓的受剪面数目；

d——螺杆的外径（mm）；

d_c——螺栓螺纹处的内径（mm）。

（3）螺栓的允许距离　螺栓的中心距离和中心至构件边缘的距离，均应满足构件受剪面承载能力的需要。一般其中心距离不得小于$3d$。中心至构件边缘的距离：在顺内力方向不得小于$2d$；在垂直内力方向在切割边不得小于$1.5d$，对轧制边不得小于$1.2d$。如果联接确有困难不能满足上述要求时，则应对构件受剪面进行验算。

3.3.3　建筑玻璃抗风压计算

依据现行行业标准《建筑玻璃应用技术规程》（JGJ 113—2009）对建筑玻璃抗风压进行设计。

1. 风荷载计算

作用在建筑玻璃上的风荷载设计值应按下式计算：

$$w = \gamma_w w_k$$

式中 w——风荷载设计值（kPa）；

w_k——风荷载标准值（kPa），当风荷载标准值计算结果小于 1.0kPa 时，应按 1.0kPa 取值；

γ_w——风荷载分项系数，取 1.4。

2. 抗风压设计

用于室外的建筑玻璃进行抗风压设计时，应同时满足承载力极限状态和正常使用极限状态的要求。

1）除中空玻璃以外的建筑玻璃承载力极限状态设计，可采用考虑几何非线性的有限元法进行计算，且最大应力设计值不应超过短期荷载作用下玻璃强度设计值。矩形建筑玻璃的最大许用跨度可按下式计算：

$$L = k_1(w + k_2)^{k_3} + k_4$$

式中 w——风荷载设计值（kPa）；

L——玻璃最大许用跨度（mm）；

k_1、k_2、k_3、k_4——常数，根据玻璃的长宽比进行取值。

k_1、k_2、k_3、k_4 的取值应符合下列规定：

① 对于四边支承和两对边支承的单片矩形平板玻璃、单片矩形半钢化玻璃、单片矩形钢化玻璃和普通矩形夹层玻璃，其 k_1、k_2、k_3、k_4 可按现行行业标准《建筑玻璃应用技术规程》（JGJ 113—2009）附录 C 取值。夹层玻璃的厚度应为去除胶片后玻璃净厚度和。三边支承可按两对边支承取值。

② 对于夹丝玻璃和压花玻璃，其 k_1、k_2、k_3、k_4 可按现行行业标准《建筑玻璃应用技术规程》（JGJ 113—2009）附录 C 平板玻璃的 k_1、k_2、k_3、k_4 取值。计算玻璃最大许用跨度时，风荷载设计值应除以玻璃种类系数取值。

③ 对于真空玻璃，其 k_1、k_2、k_3、k_4 可按现行行业标准《建筑玻璃应用技术规程》（JGJ 113—2009）附录 C 中普通夹层玻璃的 k_1、k_2、k_3、k_4 取值。

④ 对于半钢化夹层玻璃和钢化夹层玻璃，其 k_1、k_2、k_3、k_4 可按现行行业标准《建筑玻璃应用技术规程》（JGJ 113—2009）附录 C 中普通夹层玻璃的 k_1、k_2、k_3、k_4 取值。计算玻璃最大许用跨度时，风荷载设计值应除以玻璃种类系数取值。

⑤ 当玻璃的长宽比超过 5 时，玻璃的 k_1、k_2、k_3、k_4 应按长宽比等于 5 进行取值。

⑥ 当玻璃的长宽比不包含在 JGJ 113—2009 附录 C 中时，可先分别计算玻璃相邻两长宽比条件下的最大许用跨度，再采用线性插值法计算其最大许用跨度。

2）除中空玻璃以外的建筑玻璃正常使用极限状态设计，可考虑采用几何非线性的有限元法计算，且挠度最大值应小于玻璃跨度 a 的 1/60。四边支承和两对边支承矩形玻璃正常使用极限状态也可按下列规定设计。

① 四边支承和两对边支承矩形玻璃单位厚度跨度限值按下式计算：

$$\left[\frac{L}{t}\right] = k_5(w_k + k_6)^{k_7} + k_8$$

式中 $\left[\frac{L}{t}\right]$——玻璃单位厚度跨度限值；

w_k——风荷载标准值（kPa）；

k_5、k_6、k_7、k_8——常数，可按现行行业标准《建筑玻璃应用技术规程》（JGJ 113—2009）附录C取值。

② 设计玻璃跨度 a 除以玻璃厚度 t，不应大于玻璃单位厚度跨度限值$\left[\frac{L}{t}\right]$。如果大于$\left[\frac{L}{t}\right]$，就应增加玻璃厚度，直至小于$\left[\frac{L}{t}\right]$。

3）作用在中空玻璃上的风荷载可按荷载分配系数分配到每片玻璃上，荷载分配系数计算如下。

① 直接承受风荷载作用的单片玻璃：

$$\xi_1 = 1.1 \times \frac{t_1^3}{t_1^3 + t_2^3}$$

式中 ξ_1——荷载分配系数；

t_1——外片玻璃厚度（mm）；

t_2——内片玻璃厚度（mm）。

② 不直接承受风荷载作用的单片玻璃：

$$\xi_2 = \frac{t_2^3}{t_1^3 + t_2^3}$$

式中 ξ_2——荷载分配系数；

t_1——外片玻璃厚度（mm）；

t_2——内片玻璃厚度（mm）。

③ 中空玻璃的承载力极限状态设计和正常使用极限状态设计，可根据分配到每片玻璃上的风荷载，采用上述1）和2）的方法进行计算。

3.4 水密性能设计

3.4.1 水密性能分级及设计要求

1. 水密性能分级

水密性能指外门窗正常关闭状态时，在风雨同时作用下，阻止雨水渗漏的能力。按现行国家标准《建筑外门窗气密、水密、抗风压性能分级及检测方法》（GB/T 7106—2008）规定，水密性能分级指标采用严重渗漏压力差值的前一级压力差值，即门窗不发生渗漏的最高风压力差值 ΔP，其分级指标见表3-7。

表 3-7　水密性能分级　（单位：Pa）

分级	1	2	3	4	5	6
分级指标 ΔP	$100\leqslant\Delta P<150$	$150\leqslant\Delta P<250$	$250\leqslant\Delta P<350$	$350\leqslant\Delta P<500$	$500\leqslant\Delta P<700$	$\Delta P\geqslant700$

注：第 6 级应在分级后同时注明具体检测压力差值。

2. 水密性能设计要求

1）塑料门窗水密性能构造设计应符合下列要求。

① 在外门、外窗的框、扇下横边应设置排水孔，并应根据等压原理设置气压平衡孔槽；排水孔的位置、数量及开口尺寸应满足排水要求，内外侧排水槽应横向错开，避免直通；排水孔宜加盖排水孔帽。

② 拼樘料与窗框连接处应采取有效可靠的防水密封措施，在门窗水平缝隙上方设置一定宽度的披水条。

③ 门窗框与洞口墙体安装间隙应有防水密封措施，窗下框与洞口墙体之间设置披水板。

④ 在带外墙外保温层的洞口安装塑料门窗时，宜安装室外披水窗台板，且窗台板的边缘与外墙间应妥善收口。

⑤ 提高门窗杆件刚度，采用多道密封和多点锁紧装置，加强门窗可开启部分密封防水性能。

2）门窗洞口墙体外表面应有排水措施，外墙窗楣应做滴水线或滴水槽，外窗台流水坡度不应小于 2%，滴水槽的宽度和深度均不应小于 10mm。建筑外窗宜与外墙外表面有一定距离。平开窗宜在开启部位安装披水条，如图 3-9 所示。

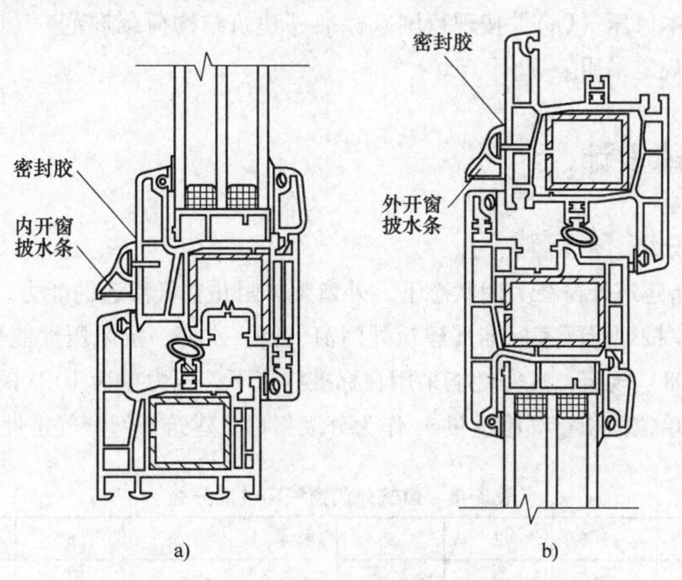

图 3-9　披水条安装位置示意图

a）内开窗　b）外开窗

3.4.2 门窗水密性能设计

塑料门窗的水密性能应符合现行国家标准《建筑外门窗气密、水密、抗风压性能分级及检测方法》（GB/T 7106—2008）的有关规定。

门窗水密性能设计应根据建筑物所在地的气象观测数据和建筑设计需要，确定门窗设防雨水渗漏的最高风力等级；应按照风力等级与风速的对应关系，确定水密性能设计风速（v_0）值；水密性设计指标 ΔP 应按下式计算，且不得小于100Pa。

$$\Delta P = 0.9\rho\mu_z v_0^2$$

式中 ΔP——任意高度 z 处门窗的瞬时风速风压力差值（Pa）；

ρ——空气密度（t/m^3），按现行国家标准《建筑结构荷载规范》（GB 50009—2006）的规定进行计算；

μ_z——风压高度变化系数，按现行国家标准《建筑结构荷载规范》（GB 50009—2006）确定；

v_0——水密性能设计用10min平均风速（m/s）。

当缺少气象资料无法确定水密性能设计风速时，水密性设计指标可按下式计算：

$$\Delta P \geqslant C\mu_z w_0$$

式中 ΔP——任意高度 z 处门窗的瞬时风速风压力差值（Pa）；

C——水密性能设计计算系数，对于热带风暴和台风地区取值为0.5，其他非热带风暴和台风地区取值为0.4；

μ_z——风压高度变化系数；

w_0——基本风压（Pa），按现行国家标准《建筑结构荷载规范》（GB 50009—2006）的规定采用。

3.5 气密性能设计

1. 气密性能分级

气密性能是指建筑外窗在关闭状态下，外窗整体阻止空气渗透的能力，与其有关的气候参数主要是风速。按现行国家标准《建筑外门窗气密、水密、抗风压性能分级及检测方法》（GB/T 7106—2008）规定，气密性能采用在标准状态下，压力差为10Pa时的单位开启缝长空气渗透量 q_1 和单位面积空气渗透量 q_2 作为分级指标。建筑外门窗气密性能分级见表3-8。

表3-8 建筑外门窗气密性能分级

分级	1	2	3	4	5	6	7	8
单位缝长分级指标值 q_1/[m^3/(m·h)]	$4.0 \geqslant q_1 > 3.5$	$3.5 \geqslant q_1 > 3.0$	$3.0 \geqslant q_1 > 2.5$	$2.5 \geqslant q_1 > 2.0$	$2.0 \geqslant q_1 > 1.5$	$1.5 \geqslant q_1 > 1.0$	$1.0 \geqslant q_1 > 0.5$	$q_1 \leqslant 0.5$
单位面积分级指标值 q_2/[m^3/(m^2·h)]	$12 \geqslant q_2 > 10.5$	$10.5 \geqslant q_2 > 9.0$	$9.0 \geqslant q_2 > 7.5$	$7.5 \geqslant q_2 > 6.0$	$6.0 \geqslant q_2 > 4.5$	$4.5 \geqslant q_2 > 3.0$	$3.0 \geqslant q_2 > 1.5$	$q_2 \leqslant 1.5$

2. 气密性能设计要求

1）居住建筑外窗（包括阳台门）气密性能设计指标应符合现行行业标准《严寒和寒冷地区居住建筑节能设计标准》（JGJ 26—2010）、《夏热冬冷地区居住建筑节能设计标准》（JGJ 134—2010）和《夏热冬暖地区居住建筑节能设计标准》（JGJ 75—2003）的有关规定。公共建筑外窗气密性能设计指标应符合现行国家标准《公共建筑节能设计标准》（GB 50189—2005）的有关规定。

2）塑料门窗气密性能构造设计宜采取下列措施。

① 合理设计塑料门窗的构造形式，提高门窗缝隙空气渗透阻力。

② 采用耐久性好并具有良好弹性的密封胶或密封胶条进行玻璃镶嵌密封和框扇之间的密封。

③ 塑料推拉门窗用密封毛条宜选用毛束致密的加片型毛条。

④ 密封胶条、密封毛条的设计应连续，形成四周封闭的密封结构。

⑤ 塑料门窗构件连接部位和五金件装配部位，应采用密封材料进行妥善的密封处理。

实践证明，建筑外门窗的气密性差，因空气渗透损失的热能是巨大的，可造成建筑物的实际保温性能显著下降。因此，提高建筑外门窗的气密性是建筑节能的需要。现阶段符合建筑节能要求的外窗的气密性能不应低于现行国家标准《建筑外门窗气密、水密、抗风压性能分级及检测方法》（GB/T 7106—2008）规定的 6 级要求，其单位缝长空气渗透量 $q_1 \leqslant 1.5\mathrm{m}^3/(\mathrm{m}\cdot\mathrm{h})$，单位面积空气渗透量 $q_2 \leqslant 4.5\mathrm{m}^3/(\mathrm{m}^2\cdot\mathrm{h})$。随着国家对建筑节能要求的提高，建筑外门窗的气密性要求将越来越严格。

如图 3 - 10 所示用特制的密封胶条替代密封毛条的新型塑料推拉窗，使气密性得到显著提高。现在普遍应用的两密封塑料内平开窗，由于水密、气密共处一个腔室，具有互相影响不可兼得的矛盾，制约了密封性能的提高。如图 3 - 11 所示带中间密封的三级密封内平开塑料窗可大大提高塑料门窗的密封性能。

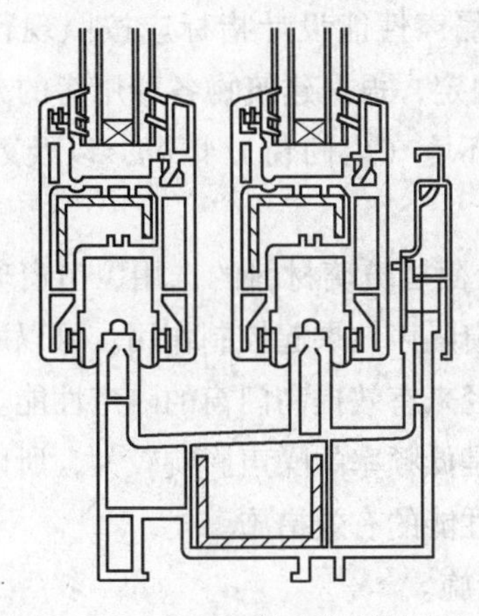
图 3 - 10　胶条密封的塑料推拉窗

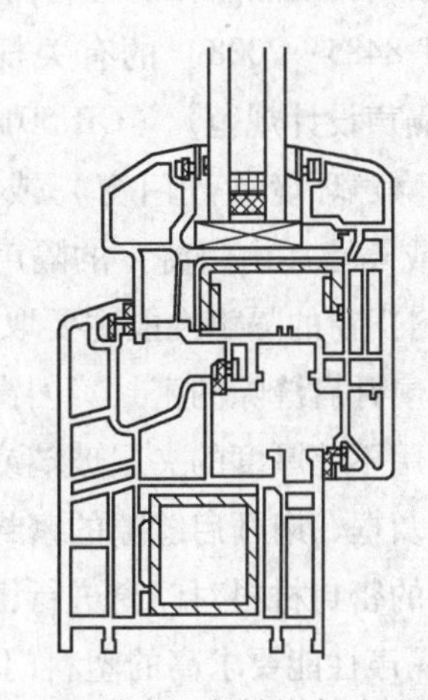
图 3 - 11　带中间密封的内平开塑料窗

3.6 隔声性能设计

1. 隔声性能分级

按现行国家标准《建筑门窗空气声隔声性能分级及检测方法》（GB/T 8485—2008）规定，外门窗以“计权隔声量和交通噪声频谱修正量之和（R_w+C_{tr}）”作为分级指标；内门窗以“计权隔声量和粉红噪声频谱修正量之和（R_w+C）”作为分级指标，见表3-9。

表3-9 隔声性能分级 （单位：dB）

分级	外门窗的分级指标值	内门窗的分级指标值
1	$20 \leqslant R_w+C_{tr}<25$	$20 \leqslant R_w+C<25$
2	$25 \leqslant R_w+C_{tr}<30$	$25 \leqslant R_w+C<30$
3	$30 \leqslant R_w+C_{tr}<35$	$30 \leqslant R_w+C<35$
4	$35 \leqslant R_w+C_{tr}<40$	$35 \leqslant R_w+C<40$
5	$40 \leqslant R_w+C_{tr}<45$	$40 \leqslant R_w+C<45$
6	$R_w+C_{tr} \geqslant 45$	$R_w+C \geqslant 45$

注：用于对建筑内机器、设备噪声源隔声的建筑内窗，对中低频噪声宜用外窗的指标值进行分级，对中高频噪声仍可采用内窗的指标值进行分级。

2. 隔声性能设计要求

1）塑料门窗的隔声性能应符合现行国家标准《建筑门窗空气声隔声性能分级及检测方法》（GB/T 8485—2008）的有关规定，其空气声隔声性能设计指标应按照现行国家标准《民用建筑隔声设计规范》（GB 50118—2010）的规定，根据建筑物各种用房的允许噪声级标准和室外噪声环境（外门窗）或相邻房间噪声环境（内门窗）情况，以及外围护墙体（外门窗）或隔墙（内门窗）的隔声性能确定。

2）塑料门窗的隔声性能主要取决于门窗构造及面层玻璃材料的选用、门窗玻璃镶嵌缝隙以及框、扇开启缝隙的密封。门窗面层玻璃对门窗隔声效果起控制作用。可以通过增加玻璃厚度、采用不等厚度的夹层玻璃或中空玻璃等途径来有效提高门窗的隔声性能。门窗玻璃镶嵌缝隙以及框、扇开启缝隙的密封对隔声，尤其是低频率的噪声影响较大，所以采用耐久性及弹性好的密封材料对门窗进行密封是保证隔声性能的有效措施。

3）对隔声性能要求高的塑料门窗宜采取以下措施。

① 采用密封性能好的门窗构造。

② 采用隔声性能好的中空玻璃或夹层玻璃。

③ 采用双层门窗构造。

④ 门窗框与洞口墙体之间的安装缝隙进行密封处理。

4）临街的外窗、阳台门和住宅建筑外窗及阳台门空气声隔声性能指标计权隔声量（$R_w + C_{tr}$）不应低于 30dB；其他门窗不应低于 25dB，即塑料外门、外窗对隔声量的要求是：快速路和主干道路两侧 50m 范围内临街一侧，隔声量 $R_w + C_{tr} \geqslant 30$dB；次干路和支路道路两侧 50m 范围内临街一侧，隔声量 $R_w + C_{tr} \geqslant 25$dB。

3.7　保温与隔热性能设计

3.7.1　建筑热工设计分区

门窗保温与隔热性能属于建筑围护结构热工设计范畴。

现行国家标准《民用建筑热工设计规范》（GB 50176—1993）根据我国气候不同及编制时的社会经济与建筑物采暖、空调的实际情况，分为五个气候区域，从北往南分别是严寒地区、寒冷地区、夏热冬冷地区、夏热冬暖地区和温和地区，提出不同建筑气候区的建筑热工设计要求，如表 3-10 和图 3-12 所示。

表 3-10　建筑热工设计分区及设计要求

分区名称	分区指标		设计要求
	主要指标	辅助指标	
严寒地区	最冷月平均温度≤－10℃	日平均温度≤5℃的天数≥145 天	必须充分满足冬季保温要求，一般可不考虑防热
寒冷地区	最冷月平均温度 0～－10℃	日平均温度≤5℃的天数 90～145 天	应满足冬季保温要求，部分地区兼顾夏季防热
夏热冬冷地区	最冷月平均温度 0～10℃，最热月平均温度 25～30℃	日平均温度≤5℃的天数 0～9 天，日平均温度≥25℃的天数 40～110 天	必须充分满足夏季防热要求，适当兼顾冬季保温
夏热冬暖地区	最冷月平均温度＞10℃，最热月平均温度 25～29℃	日平均温度≥25℃的天数 100～200 天	必须充分满足夏季防热要求，一般可不考虑冬季保温
温和地区	最冷月平均温度 0～13℃，最热月平均温度 18～25℃	日平均温度≤5℃的天数 0～90 天	部分地区应考虑冬季保温，一般可不考虑夏季防热

如图 3-12 所示，山东省属于寒冷地区，建筑热工设计以冬季保温为主，兼顾夏季防热。

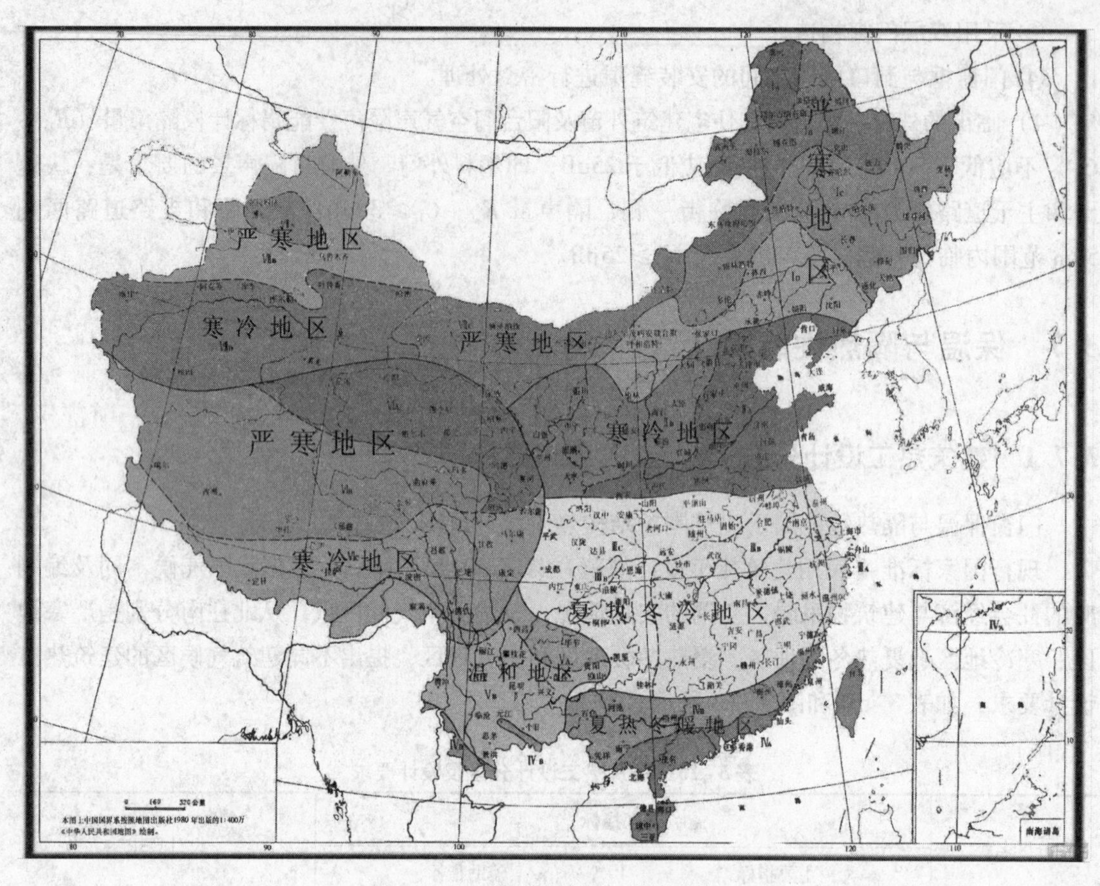

图 3-12 中国建筑热工设计分区

现行行业标准《严寒和寒冷地区居住建筑节能设计标准》（JGJ 26—2010）依据不同的采暖度日数 HDD18 和空调度日数 CDD26 范围，将严寒和寒冷地区进一步划分为表 3-11 所示的五个气候子区。

表 3-11 居住建筑节能设计气候分区

气候分区		分区依据
严寒地区（Ⅰ区）	严寒（A）区	6000≤HDD18
	严寒（B）区	5000≤HDD18<6000
	严寒（C）区	3800≤HDD18<5000
寒冷地区（Ⅱ区）	寒冷（A）区	2000≤HDD18<3800，CDD26≤90
	寒冷（B）区	2000≤HDD18<3800，CDD26>90

寒冷地区的分区指标是 2000≤HDD18<3800，气候特征是冬季寒冷，根据夏季热的不同程度，细分成寒冷（A）、寒冷（B）两个子区。寒冷（A）区冬季寒冷，夏季凉爽，如青岛；寒冷（B）区冬季寒冷，夏季炎热，如济南。

3.7.2　保温与隔热性能指标

根据现行行业标准《建筑门窗玻璃幕墙热工计算规程》（JGJ/T 151—2008）要求，建筑外门窗的节能指标中最为重要的是传热系数和遮阳系数。在寒冷地区，冬季门窗容易结露，故寒冷地区把外门窗的保温性能放在首位，考察指标主要是传热系数 *K* 和抗结露因子 *CRF*；夏季防热节能的关键在于加强窗户的遮阳效果以提高对太阳辐射的控制能力，考察指标是遮阳系数 *SC*。

1. 传热系数 *K*

传热系数表征门窗的保温性能，它表示在稳定传热条件下，外门窗两侧空气温差为1K时，单位时间内通过单位面积的传热量，单位 $W/(m^2 \cdot K)$。*K* 值越小，说明建筑外窗的保温性能越好。

按现行国家标准《建筑外门窗保温性能分级及检测方法》（GB/T 8484—2008）规定，外门、外窗传热系数分级见表3-12。

表3-12　外门、外窗传热系数分级　　［单位：$W/(m^2 \cdot K)$］

分级	1	2	3	4	5
分级指标值	$K \geq 5.0$	$5.0 > K \geq 4.0$	$4.0 > K \geq 3.5$	$3.5 > K \geq 3.0$	$3.0 > K \geq 2.5$
分级	6	7	8	9	10
分级指标值	$2.5 > K \geq 2.0$	$2.0 > K \geq 1.6$	$1.6 > K \geq 1.3$	$1.3 > K \geq 1.1$	$K < 1.1$

2. 抗结露因子 *CRF*

抗结露因子是预测门窗阻抗表面结露能力的指标，是在稳定传热条件下，门窗热侧表面与室外空气温度差与室内、外温度差的比值。按现行国家标准《建筑外门窗保温性能分级及检测方法》（GB/T 8484—2008）规定，玻璃门、外窗抗结露因子分级见表3-13。

表3-13　玻璃门、外窗抗结露因子分级

分级	1	2	3	4	5
分级指标值	$CRF \leq 35$	$35 < CRF \leq 40$	$40 < CRF \leq 45$	$45 < CRF \leq 50$	$50 < CRF \leq 55$
分级	6	7	8	9	10
分级指标值	$55 < CRF \leq 60$	$60 < CRF \leq 65$	$65 < CRF \leq 70$	$70 < CRF \leq 75$	$CRF > 75$

3. 遮阳系数 *SC*

遮阳性能是指门窗在夏季阻隔太阳辐射热的能力，用遮阳系数 *SC* 表示。遮阳系数表示在给定条件下，玻璃、门窗或玻璃幕墙的太阳光总透射比，与相同条件下透过相同面积的标准玻璃（3mm厚透明玻璃）的太阳光总透射比的比值。采用现行行业标准《建筑门窗玻璃幕墙热工计算规程》（JGJ/T 151—2008）的计算方法。参考现行国家标准《铝合金门窗》（GB/T 8478—2008），门窗遮阳性能分级见表3-14。

表 3-14 门窗遮阳性能分级

分级	1	2	3	4	5	6	7
分级指标值 SC	$0.8 \geq SC > 0.7$	$0.7 \geq SC > 0.6$	$0.6 \geq SC > 0.5$	$0.5 \geq SC > 0.4$	$0.4 \geq SC > 0.3$	$0.3 \geq SC > 0.2$	$SC \leq 0.2$

3.7.3 保温隔热性能设计要求

有保温要求的塑料门窗，其性能应符合现行国家标准《建筑外门窗保温性能分级及检测方法》（GB/T 8484—2008）的有关规定。保温性能的级别应根据建筑所在地区的气候分区及建筑使用要求确定，并应符合现行相关节能标准中对建筑外窗的有关要求。有隔热要求的塑料门窗遮阳系数应根据建筑所在地区的气候分区及建筑使用要求确定，并应符合现行相关节能标准中对建筑外窗的有关要求。

1. 居住建筑节能设计对门窗的要求

根据建筑所在地区的气候分区，居住建筑门窗传热系数和遮阳系数应符合现行行业标准《严寒和寒冷地区居住建筑节能设计标准》（JGJ 26—2010）或其他气候分区居住建筑节能设计标准的有关规定。

（1）寒冷地区居住建筑体形系数　根据现行行业标准《严寒和寒冷地区居住建筑节能设计标准》（JGJ 26—2010），建筑物的体形系数应符合表 3-15 的规定，如果体形系数不满足表 3-15 的规定，则必须进行围护结构热工性能的权衡判断。

表 3-15 寒冷地区居住建筑的体形系数限值

寒冷地区	建筑层数			
	≤3 层	4~8 层	9~13 层	≥14 层
	≤0.52	≤0.33	≤0.30	≤0.25

（2）寒冷地区居住建筑窗墙面积比　根据现行行业标准《严寒和寒冷地区居住建筑节能设计标准》（JGJ 26—2010），窗墙面积比应按建筑开间计算，建筑物的窗墙面积比应符合表 3-16 的规定，如果窗墙面积比不满足表 3-16 的规定，则必须进行围护结构热工性能的权衡判断。

表 3-16 寒冷地区居住建筑的窗墙面积比限值

朝向	窗墙面积比
北	≤0.30
东、西	≤0.35
南	≤0.50

注：1. 敞开式阳台的阳台门上部透明部分计入窗户面积，下部不透明部分不计入窗户面积。

2. 表中的“北”代表从北偏东小于60°至北偏西小于60°的范围；“东、西”代表从东或西偏北小于等于30°至偏南小于60°的范围；“南”代表从南偏东小于等于30°至偏西小于等于30°的范围。

（3）寒冷地区居住建筑外窗传热系数 根据现行行业标准《严寒和寒冷地区居住建筑节能设计标准》（JGJ 26—2010），寒冷地区居住建筑围护结构——外窗的传热系数不应大于表3-17、表3-18规定的限值。

表3-17 寒冷地区（A）区围护结构热工性能限值

围护结构部位		传热系数 $K/[W/(m^2 \cdot K)]$		
		≥9层建筑	4～8层的建筑	≤3层建筑
外窗	窗墙面积比≤0.2	3.1	3.1	2.8
	0.2＜窗墙面积比≤0.3	2.8	2.8	2.5
	0.3＜窗墙面积比≤0.4	2.5	2.5	2.0
	0.4＜窗墙面积比≤0.5	2.3	2.0	1.8

表3-18 寒冷地区（B）区围护结构热工性能限值

围护结构部位		传热系数 $K/[W/(m^2 \cdot K)]$		
		≥9层建筑	4～8层的建筑	≤3层建筑
外窗	窗墙面积比≤0.2	3.1	3.1	2.8
	0.2＜窗墙面积比≤0.3	2.8	2.8	2.5
	0.3＜窗墙面积比≤0.4	2.5	2.5	2.0
	0.4＜窗墙面积比≤0.5	2.3	2.0	1.8

（4）寒冷地区建筑外窗遮阳系数 根据现行行业标准《严寒和寒冷地区居住建筑节能设计标准》（JGJ 26—2010），寒冷地区居住建筑外窗综合遮阳系数不应大于表3-19规定的限值。

表3-19 寒冷地区（B）区外窗综合遮阳系数限值

围护结构部位		遮阳系数 *SC*（东、西向/南、北向）		
		≥9层建筑	4～8层的建筑	≤3层建筑
外窗	窗墙面积比≤0.2	—/—	—/—	—/—
	0.2＜窗墙面积比≤0.3	—/—	—/—	—/—
	0.3＜窗墙面积比≤0.4	0.45/—	0.45/—	0.45/—
	0.4＜窗墙面积比≤0.5	0.35/—	0.35/—	0.35/—

根据现行行业标准《严寒和寒冷地区居住建筑节能设计标准》（JGJ 26—2010）的规定，外窗及敞开式阳台门应具有良好的密闭性能。寒冷地区1～6层外窗及敞开式阳台门的气密性等级不应低于现行国家标准《建筑外门窗气密、水密、抗风压性能分级及检测方法》（GB/T 7106—2008）规定的4级，7层及7层以上不应低于6级。

2. 公共建筑节能设计对门窗的要求

公共建筑外窗传热系数和遮阳系数应符合现行国家标准《公共建筑节能设计标准》（GB 50189—2005）的有关规定。

（1）寒冷地区公共建筑体形系数　根据现行国家标准《公共建筑节能设计标准》（GB 50189—2005）规定，寒冷地区建筑的体形系数应小于或等于0.40。如果体形系数不满足此规定，必须按现行国家标准《公共建筑节能设计标准》（GB 50189—2005）进行围护结构热工性能的权衡判断。

（2）寒冷地区公共建筑窗墙面积比　按现行国家标准《公共建筑节能设计标准》（GB 50189—2005）规定，建筑每个朝向的窗（包括透明幕墙）墙面积比均不应大于0.70。当窗（包括透明幕墙）墙面积比小于0.40时，玻璃（或其他透明材料）的可见光透射比不应小于0.40。当窗墙面积比不满足此规定时，必须按现行国家标准《公共建筑节能设计标准》（GB 50189—2005）进行围护结构热工性能的权衡判断。

屋顶透明部分的面积不应大于屋顶总面积的20%，当不满足此规定时，必须按现行国家标准《公共建筑节能设计标准》（GB 50189—2005）进行围护结构热工性能的权衡判断。

（3）寒冷地区公共建筑传热系数和遮阳系数　按现行国家标准《公共建筑节能设计标准》（GB 50189—2005）要求，寒冷地区公共建筑的传热系数和遮阳系数应不大于表3-20规定的限值。

表3-20　寒冷地区公共建筑传热系数和遮阳系数限值

围护结构部位		体形系数≤0.30		0.30<体形系数≤0.40	
外窗（包括透明幕墙）		传热系数 $K/[W/(m^2 \cdot K)]$	遮阳系数SC（东、南、西向/北向）	传热系数 $K/[W/(m^2 \cdot K)]$	遮阳系数SC（东、南、西向/北向）
单一朝向外窗（包括透明幕墙）	窗墙面积比≤20%	≤3.50	—	≤3.00	—
	20%<窗墙面积比≤30%	≤3.00	—	≤2.50	—
	30%<窗墙面积比≤40%	≤2.70	≤0.70/—	≤2.30	≤0.70/—
	40%<窗墙面积比≤50%	≤2.30	≤0.60/—	≤2.00	≤0.60/—
	50%<窗墙面积比≤70%	≤2.00	≤0.50/—	≤1.80	≤0.50/—
屋顶透明部分		≤2.70	≤0.50	≤2.70	≤0.50

注：1. 有外遮阳时，遮阳系数=玻璃的遮阳系数×外遮阳的遮阳系数；无外遮阳时，遮阳系数=玻璃的遮阳系数。
2. 北向外窗（包括透明幕墙）的遮阳系数SC值不限制。

根据现行国家标准《公共建筑节能设计标准》（GB 50189—2005）规定，建筑外窗的可开启面积不应小于窗面积的30%。寒冷地区建筑的外门宜设门斗或应采取其他减少冷风渗透的措施，以达到建筑外门的保温隔热节能效果。外窗的气密性不应低于现行国家标准《建筑外门窗气密、水密、抗风压性能分级及检测方法》（GB/T 7106—2008）规定的6级。

有保温和隔热要求的门窗工程应采用中空玻璃，中空玻璃气体层厚度不宜小于9mm。使用中空玻璃、Low-E镀膜玻璃或真空玻璃，可降低门窗传热系数。窗框与窗扇间宜采用三级密封；当采用附框法与墙体连接时，附框应采取隔热措施。

当墙体采取保温措施时，窗框与保温层构造应协调，不得形成热桥。门窗的传热系数远高于建筑墙体，所以是采暖建筑热量损失的主要部位。门窗相对于外墙内凹越深，其室外表面的空气流速越低，越利于保温。一般窗框外侧面与外墙立面的距离不宜小于100mm。当外墙有外保温层时，保温层应盖住外窗台，且窗框应尽量靠近保温层，以避免在窗框和保温层之间形成热桥，影响保温性能。

有遮阳要求的门窗可采用遮阳系数较低的玻璃或设计适宜的活动外遮阳装置。外遮阳装置应与建筑的整体外观相协调，且其开关操作应易于在室内进行。遮阳装置应安装牢固可靠。采用外遮阳装置可以非常有效地提高塑料门窗的隔热能力。由于需要兼顾到室内的采光要求，所以遮阳装置应设计成活动构造，且宜方便在室内进行操作。

3.7.4 建筑门窗热工性能计算

现行行业标准《建筑门窗玻璃幕墙热工计算规程》（JGJ/T 151—2008）适用于建筑外围护结构中使用的门窗和玻璃幕墙的传热系数、遮阳系数、可见光透射比以及结露性能评价的计算。

整樘门窗的传热系数、遮阳系数、可见光透射比应采用各部分的相应数值按面积进行加权平均计算。

1. 整樘窗几何描述

1）整樘窗应根据框截面的不同对窗框进行分类，每个不同类型窗框截面均应计算框传热系数、线传热系数。不同类型窗框相交部分的传热系数宜采用邻近框中较高的传热系数。

2）窗在进行热工计算时应进行面积划分，如图3-13所示。

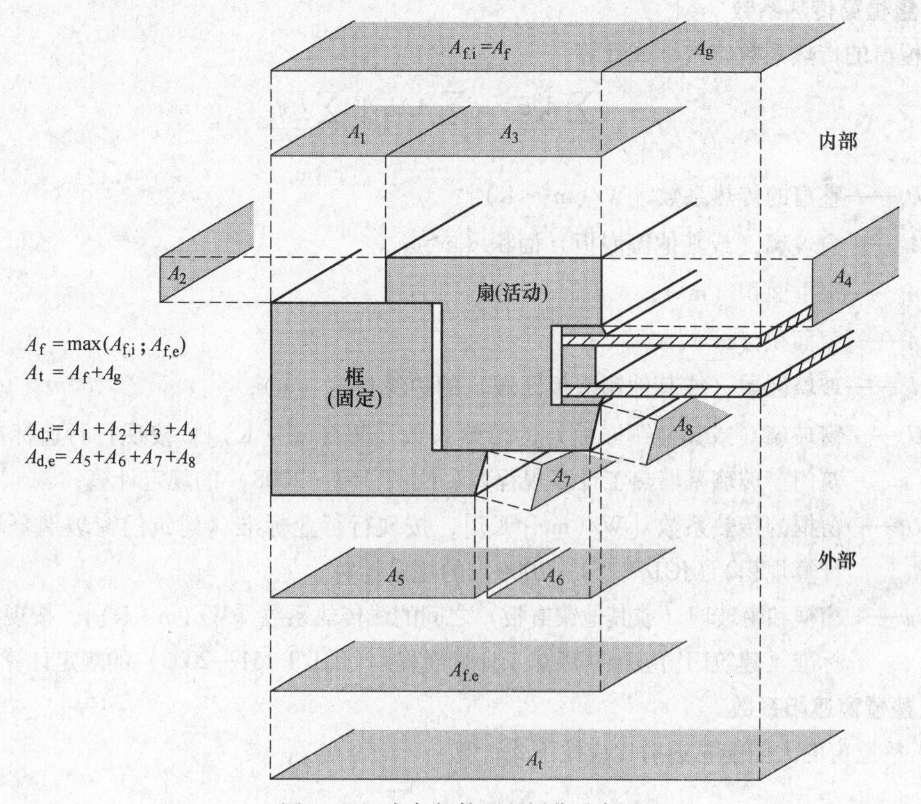

图3-13 窗各部件面积划分示意图

① 窗框投影面积 A_f：指从室内、外两侧分别投影，得到的可视框投影面积中的较大值，简称“窗框面积”。

② 玻璃投影面积 A_g（或其他镶嵌板的投影面积 A_p）：指从室内、外侧可见玻璃（或其他镶嵌板）边缘围合面积的较小值，简称“玻璃面积”（或“镶嵌板面积”）。

③ 整樘窗总投影面积 A_t：指窗框面积 A_f 与窗玻璃面积 A_g（或其他镶嵌板的面积 A_p）之和，简称“窗面积”。

3）玻璃和框结合处的线传热系数对应的边缘长度 l_ψ 应为框与玻璃接缝长度，并应取室内、室外值中的较大值，如图 3-14 所示。

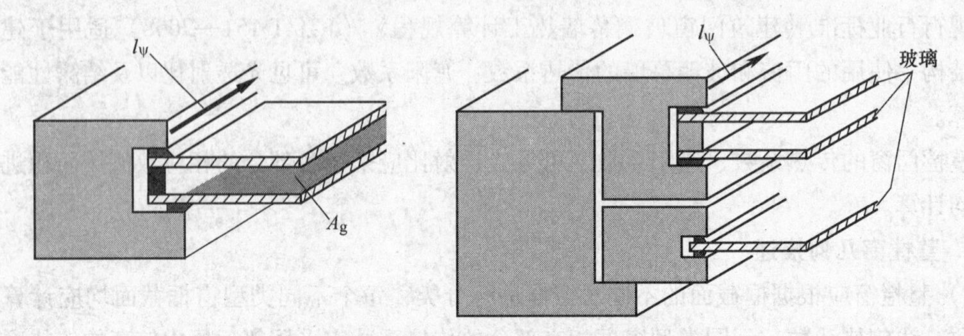

图 3-14　窗玻璃区域周长示意图

2. 整樘窗传热系数

整樘窗的传热系数应按下式计算：

$$U_t = \frac{\sum A_g U_g + \sum A_f U_f + \sum l_\psi \psi}{A_t}$$

式中　U_t——整窗的传热系数［W/(m²·K)］；

A_g——窗玻璃（或其他镶嵌板）面积（m²）；

A_f——窗框面积（m²）；

A_t——窗面积（m²）；

l_ψ——玻璃区域（或其他镶嵌板区域）的边缘长度（m）；

U_g——窗玻璃（或其他镶嵌板）的传热系数［W/(m²·K)］，按现行行业标准《建筑门窗玻璃幕墙热工计算规程》（JGJ/T 151—2008）的规定计算；

U_f——窗框的传热系数［W/(m²·K)］，按现行行业标准《建筑门窗玻璃幕墙热工计算规程》（JGJ/T 151—2008）的规定计算；

ψ——窗框和窗玻璃（或其他镶嵌板）之间的线传热系数［W/(m·K)］，按现行行业标准《建筑门窗玻璃幕墙热工计算规程》（JGJ/T 151—2008）的规定计算。

3. 整樘窗遮阳系数

1）整樘窗的太阳能总透射比应按下式计算：

$$g_t = \frac{\sum g_g A_g + \sum g_f A_f}{A_t}$$

式中　g_t——整樘窗的太阳能总透射比；

A_g——窗玻璃（或其他镶嵌板）面积（m^2）；

A_f——窗框面积（m^2）；

g_g——窗玻璃（或其他镶嵌板）区域太阳能总透射比，按现行行业标准《建筑门窗玻璃幕墙热工计算规程》（JGJ/T 151—2008）的规定计算；

g_f——窗框太阳能总透射比；

A_t——窗面积（m^2）。

2）整樘窗的遮阳系数应采用下式计算：

$$SC = \frac{g_t}{0.87}$$

式中　SC——整樘窗的遮阳系数；

g_t——整樘窗的太阳能总透射比。

4. 整樘窗可见光透射比

整樘窗的可见光透射比应采用下式计算：

$$\tau_t = \frac{\sum \tau_v A_g}{A_t}$$

式中　τ_t——整樘窗的可见光透射比；

τ_v——窗玻璃（或其他镶嵌板）的可见光透射比，按现行行业标准《建筑门窗玻璃幕墙热工计算规程》（JGJ/T 151—2008）的规定计算；

A_g——窗玻璃（或其他镶嵌板）面积（m^2）；

A_t——窗面积（m^2）。

5. 结露性能评价

门窗、玻璃幕墙的结露性能评价指标，应采用各个部件内表面温度最低的10%面积所对应的最高温度值（T_{10}）。

在进行门窗、玻璃幕墙结露计算时，计算节点应包括所有的框、面板边缘以及面板中部。

在进行工程设计或工程应用产品性能评价时，应以门窗、幕墙各个截面中每个部件的结露性能评价指标T_{10}均不低于露点温度为满足要求。

1）水表面（高于0℃）的饱和水蒸气压可采用下式计算：

$$E_s = E_0 \times 10^{\frac{at}{b+t}}$$

式中　E_s——空气的饱和水蒸气压（hPa）；

E_0——空气温度为0℃时的饱和水蒸气压，取$E_0=6.11$hPa；

t——空气温度（℃）；

a、b——参数，$a=7.5$，$b=237.3$。

2）在一定空气相对湿度f下，空气的水蒸气压e可按下式计算：

$$e = fE_s$$

式中 e——空气的水蒸气压（hPa）；

f——空气的相对湿度（%）；

E_s——空气的饱和水蒸气压（hPa）。

3）空气的露点温度可按下式计算：

$$T_d = \frac{b}{\dfrac{a}{\lg\left(\dfrac{e}{6.11}\right)} - 1}$$

式中 T_d——空气的露点温度（℃）；

e——空气的水蒸气压（hPa）；

a、b——参数，$a=7.5$，$b=237.3$。

4）采用产品的抗结露性能指标 $T_{10,\min}$ 确定门窗、玻璃幕墙在实际工程中是否结露，应以内表面最低温度不低于室内露点温度为满足要求，可按下式计算判定：

$$(T_{10,\min} - T_{out,std})\frac{T_{in} - T_{out}}{T_{in,std} - T_{out,std}} + T_{out} \geqslant T_d$$

式中 $T_{10,\min}$——产品的抗结露性能评价指标（℃）；

$T_{in,std}$——结露性能计算时对应的室内标准温度（℃）；

$T_{out,std}$——结露性能计算时对应的室外标准温度（℃）；

T_{in}——实际工程对应的室内计算温度（℃）；

T_{out}——实际工程对应的室外计算温度（℃）；

T_d——室内设计环境条件对应的露点温度（℃）。

3.8 采光性能设计

1. 采光性能分级

外窗采光性能以透光折减系数 T_r 表示，其分级指标见表3-21。

表3-21 建筑外窗采光性能分级

分级	1	2	3	4	5
分级指标值 T_r	$0.20 \leqslant T_r < 0.30$	$0.30 \leqslant T_r < 0.40$	$0.40 \leqslant T_r < 0.50$	$0.50 \leqslant T_r < 0.60$	$T_r \geqslant 0.60$

注：T_r 值大于0.60时应给出具体值。

2. 采光性能设计要求

1）塑料门窗的采光性能应符合现行国家标准《建筑外窗采光性能分级及检测方法》（GB/T 11976—2002）的有关规定。其采光性能的级别应根据建筑使用要求确定。建筑外窗的透光折减系数（T_r）应根据现行国家标准《建筑采光设计标准》（GB/T 50333—2001）的规定确定。有天然采光要求的，其透光折减系数应大于0.45。

2）建筑外窗采光性能设计应满足建筑热工要求及相关节能设计标准对外窗综合遮阳系

数的要求。根据建筑所处的气候分区，窗墙面积比与塑料门窗的传热系数或遮阳系数存在对应关系，而且一般情况下应满足窗墙面积比小于 0.7；如果不能满足，应通过热工性能权衡计算判断。

3）建筑外窗采光性能构造设计宜采取下列措施。

① 窗的立面设计尽可能减少窗的框架与整窗的面积比。

② 按窗的采光性能要求合理选配玻璃。

③ 窗立面分格及开启形式满足窗户日常清洗的方便性。

3.9　PVC－U 塑料门窗设计图样

PVC－U 塑料门窗设计图样主要包括型材截面图、门窗大样图、门窗装配图、门窗框与墙体安装结构图等。

1. 型材截面图

画出型材、增强型钢截面图，列出门窗设计常用的型材、增强型钢截面以及壁厚等，如图 3-15 所示。

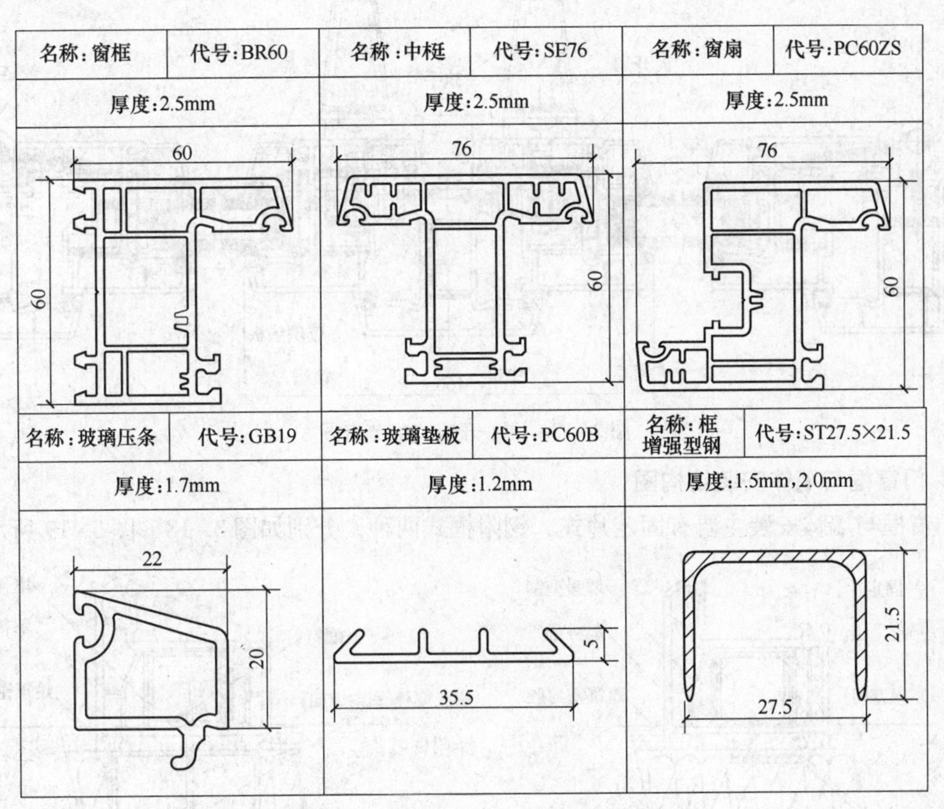

图 3-15　平开窗型材、增强型钢截面图

2. 门窗大样图

门窗大样图主要表达门窗的外形尺寸、分格尺寸等内容，如图 3-16 所示。

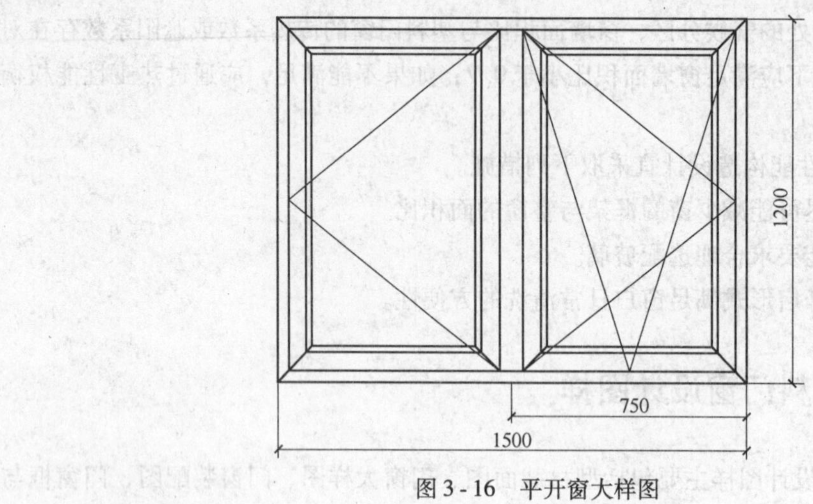

图 3-16 平开窗大样图

3. 门窗装配图

门窗装配图主要表达框扇型材、玻璃及五金配件等的构造关系，门窗框、扇的配合关系。图 3-17 所示为一内平开窗装配节点图。

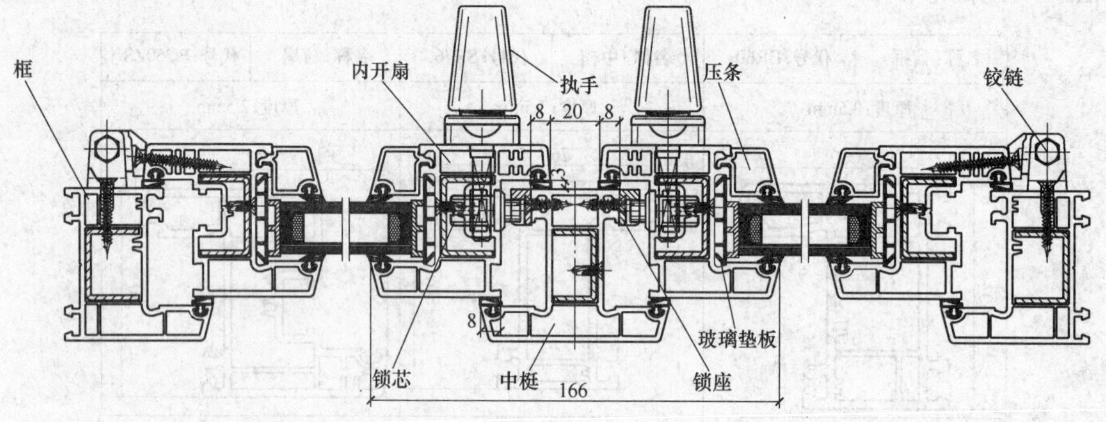

图 3-17 内平开窗装配节点图

4. 门窗框与墙体安装结构图

门窗框与墙体安装主要有固定片式、钢附框式两种，分别如图 3-18、图 3-19 所示。

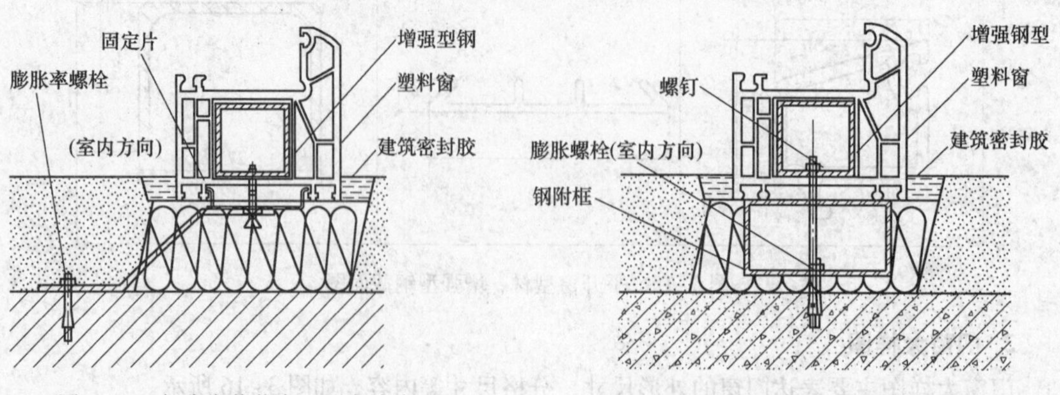

图 3-18 门窗安装节点（固定片式） 图 3-19 门窗安装节点（钢附框式）

第4章　PVC－U塑料门窗生产工艺

4.1　塑料门窗型材生产工艺

塑料型材挤出成型加工过程就是使粉末或颗粒状的塑料母料（树脂）在一定的温度和一定的压力条件下熔融塑化，并连续地通过一个型孔，成为特定截面形状的产品。

塑料挤出成型加工的主要工艺过程为：原料配方──→混料──→挤出成型──→定型──→冷却──→牵引──→切割──→放料。

4.1.1　原料助剂

国内外各厂家同一类PVC－U型材配方是大同小异的，在PVC－U原材料的基础上，可通过调整助剂及其比例来改进配方，以提高和改善型材的加工工艺以及降低配方成本。每一种助剂都有一些不同的品种、规格可供选用，它们在配方中所占的比例各不相同。其中稳定剂、抗冲击剂和填充剂最为关键，这三种助剂将直接关系到型材是否符合现行国家标准《门、窗用未增塑聚氯乙烯（PVC－U）型材》（GB/T 8814—2004）的要求，其余加工助剂、润滑剂等主要是为满足原料塑化、成型、焊接工艺性能的要求。PVC－U塑料门窗型材原料助剂见表4-1。

表4-1　PVC－U塑料门窗型材原料助剂

原料助剂				
稳定剂	抗冲击剂	填充剂	润滑剂	着色抗光稳定剂

4.1.2　混料

PVC－U树脂与各种助剂组成相互混合在一起，成为均匀粉料的操作过程称为混料。制备挤出成型用PVC－U干粉混合料是将各种原材料按配方要求经正确计量和准确称量后，加入高速热混合机内进行热混合，达到规定温度和时间后，放入冷混合机内进行冷却，配制成均匀、松散、不结块、易流动的粉状混合物，供挤出成型工艺使用。

4.1.3　挤出成型

门窗用型材的挤出是以聚氯乙烯树脂为原料，加入一定比例的稳定剂、润滑剂、紫外线吸收剂、加工改性剂等，经挤出机挤出成型的。塑料型材挤出成型加工的设备是挤出机生产线，它由挤出机、定型台、牵引机、切割台等构成，还有配套的由机头和定型套构成的挤出模具。塑料在挤出机内熔融塑化，通过机头和口模将塑料连续成型为所需形状的制品，经冷却定型设备冷却硬化而定型。

PVC－U 塑料门窗型材的生产工艺路线主要有单螺杆挤出成型工艺和双螺杆挤出成型工艺两种。单螺杆挤出成型工艺适用于小批量、小规格型材的生产；双螺杆挤出成型工艺可用于粉料直接成型，生产能力大，适用于大批量型材和大规格型材的生产。目前 PVC－U 塑料门窗型材的挤出大多采用锥形双螺杆挤出生产线，图 4-1 所示为双螺杆挤出门窗型材生产线示意图。

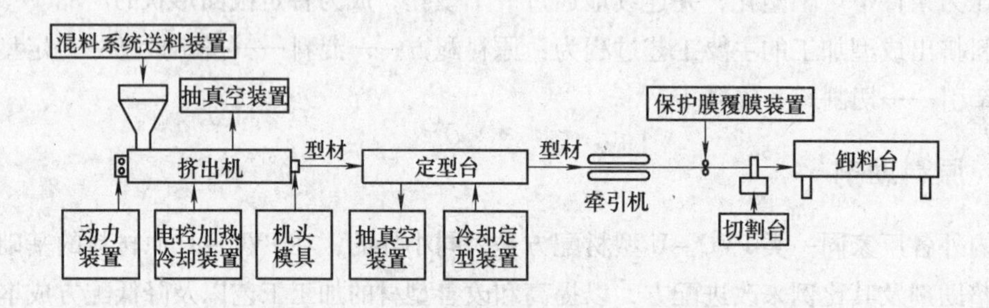

图 4-1　双螺杆挤出门窗型材生产线示意图

4.1.4 塑料门窗彩色型材

为满足日益多样的建筑装饰需求，塑料门窗型材在所用的白色型材的基础上发展了塑料型材的彩色化技术。塑料门窗彩色型材有红、黄、蓝、墨绿、黑、紫及其他颜色，可以制作出木纹、金属大理石等仿真效果。相对于白色型材制作的塑料门窗，彩色塑料门窗具有新颖、易协调、好搭配、表面纹理多样等优点。

根据现行行业标准《建筑门窗用未增塑聚氯乙烯彩色型材》（JG/T 263—2010）的要求，塑料门窗彩色型材主要包括彩色共挤型材、彩色覆膜型材、彩色涂装型材、彩色通体型材四种。塑料门窗彩色型材分类及代号见表 4-2。

表 4-2　彩色型材分类及代号

型材类别	彩色共挤型材	彩色覆膜型材	彩色涂装型材	彩色通体型材
代号	G	F	C	T

塑料门窗彩色型材的产品标记由型材类别代号、装饰材料英文缩写、内可视面老化时间类别、外可视面老化时间类别组成，举例如下。

1. 彩色共挤型材

共挤材料为PMMA，也可以是ASA、AMA等，内可视面老化时间为4000h，外可视面老化时间为6000h：G－PMMA－M/S。

2. 彩色覆膜型材

膜表面材料PVDF，也可以是PMMA，内可视面老化时间为4000h，外可视面老化时间为6000h：F－PVDF－M/S。

3. 彩色涂装型材

涂层主体材料为FEVE，内可视面老化时间为4000h，外可视面老化时间为6000h：C－FEVE－M/S。

4. 彩色通体型材

可视面老化时间为M类或S类（可视面老化时间为4000h或6000h）：T－PVC－M或T－PVC－S。

4.2　PVC－U塑料门窗装配工艺流程

塑料门窗装配是用PVC－U塑料型材，经锯切类设备下料切割、加装增强型钢、铣削类设备加工槽孔、焊接机类设备焊接框和扇及分格、清角类设备清掉焊瘤、安装密封条、装配五金件等工艺加工而成的。目前塑料门窗装配方案主要有全焊接成形方案、焊接—螺接综合成形方案两种。

4.2.1　全焊接成形方案

全焊接成形方案是将PVC－U型材按门窗规格进行各杆件的下料切割后，再对分格杆件各接合处开“V”形槽和分格杆件两端“尖”形锯切，将排水孔、锁孔、配件槽等铣切出来，然后焊接成门窗框和门窗扇，最后装五金配件使框、扇合拢并装玻璃，再装玻璃压条。这种工艺方案的主要特征是门窗框和门窗扇及它们的分格型材全部焊接成形。全焊接成形工艺技术路线是目前世界各国使用最多的一种塑料门窗装配工艺方案，是欧式门窗常采用的装配工艺。

4.2.2　焊接—螺接综合成形方案

焊接—螺接综合成形方案主要方法是先将门窗型材按门窗的规格进行各杆件的下料切割，再对分格型材的两端铣切成形，使之与门窗框、门窗扇内侧的型材形状相吻合，并对各杆件上的排水孔、锁孔、配件槽等进行铣切加工；然后将门窗框焊接成形，再用螺钉将各分格型材装到门窗框中以分格门窗框和门窗扇；最后再装五金配件，将框、扇合拢，装玻璃、玻璃压条而制成成品。焊接—螺接综合工艺方案是美式门窗常用的装配工艺。全焊接成形方案与焊接—螺接综合成形方案的优缺点比较见表4-3。

表 4-3 全焊接成形方案与焊接—螺接综合成形方案优缺点比较

成形方案	优点	缺点
全焊接成形方案	1. 机械化水平高，适合于批量生产，并可实现连续化生产，产品质量高，产量大 2. 由于全焊接，门窗框、门窗扇周边形成密闭的主腔室，故雨水和潮气不会浸入主腔室，从而保护了增强钢衬不被雨水潮气腐蚀，确保塑料门窗的强度和使用寿命 3. 分格的位置尺寸由“V”形锯上的定位板控制，适合批量生产	1. 对切割锯、焊接设备的精度和自动控制要求高，而且需要用“V”形锯、带“V”形焊的两位或三位焊机，设备投资大 2. 分格型材下料时，两端要切割成“尖”形，在双角锯上切割两次，工时长 3. 带“V”形口的型材下料时，每个节点切割都要根据型材高度计算准确，切割工时以及焊接工时总量比焊接—螺接综合成形多 1 ~4 倍，生产效率较低 4. 有分格的窗框、窗扇中的钢衬必须在焊后趁热装入，装入后钢衬再用螺钉固定时也不方便，影响生产效率
焊接—螺接综合成形方案	1. 下料快捷，组装简单，不需既切“V”形口，又切“尖”形端，只铣端头即可 2. 焊接前装入钢衬，十分方便 3. 焊接工位只需焊接窗框、窗扇四角，可以采用四角焊机一次焊接成形，节省工时 4. “T”形节点强度较焊接高 5. 分格型材位置超差不大时，可以调节、纠正 6. 窗型设计不受焊接机的影响，有两台焊接机即可完成全部焊接工作	1. 分格型材的位置由定位尺和钻模控制，受工人素质影响 2. 必须用端头铣床，组合铣刀，每一种型材系统需配一种组合铣刀 3. 分格型材的端头需用密封胶或垫片密封以防雨水渗入腐蚀钢衬 4. 分格型材断面上要设计“+”字形螺钉孔

PVC－U 塑料门窗的组装工艺比较繁杂，不同门窗类型、不同工艺装备等决定了塑料门窗各不相同的具体组装工艺线路，例如，平开窗与推拉窗结构（型材断面、密封件、启闭用五金件、安装位置、安装方式）不同，所用设备不同（平开窗有中梃、横撑，需用 V 形锯切 V 形口)，使得平开窗与推拉窗组装工艺各不相同。在确定工艺路线时，应具体分析制定切合实际的工艺路线，全焊接组装工艺流程及主要工序操作过程见表 4-4。

表 4-4 全焊接组装工艺流程及主要工序操作过程

工艺流程	工作内容及要求	设备工具	备注
型材的存放	型材在室内加工环境中存放 48h 后才可切割下料；使用前先清除表面油污和尘土		
主型材切割下料	主型材两端斜切 45°角，切 V 形口、尖形端口等；要求选用合格的型材，控制下料尺寸和切割精度	双角锯、V 形锯	型材焊接余量 3mm/头
铣排水孔、气压平衡孔、锁孔、五金件孔	下边框、横杆铣排水孔，上边框铣气压平衡孔；铣锁孔、五金件孔	水槽铣、仿形铣	

（续）

工艺流程	工作内容及要求	设备工具	备注
增强型钢下料	按定长下料切割，修磨端头飞边、校直、除锈、涂防腐漆	砂轮锯	
增强型钢装配	将增强型钢插入框、扇型材腔，并按要求用螺钉固定	台钻或手电钻、自攻螺钉	有V形坡口型材焊接时趁热装配增强型钢
焊接	门窗框、门窗扇焊接成形；有分格的窗框，需分步焊接	两位或三位焊机、四角焊机	调整最佳焊接工艺参数（包括温度、时间和压力）
焊缝清理	清理内、外焊缝	清角机、手工铲、气动铣刀	
辅型材切割	玻璃压条、门板压条、推拉门窗的边封、拼接型材切割	玻璃压条锯、单头锯、双头锯	玻璃压条两端切45°角，封边两端开插口
装毛条	推拉窗扇的三边框装毛条，推拉窗边封毛条		在窗扇焊接之前装毛条
装密封条	平开窗：装K形玻璃密封条、框扇间装O形密封条；推拉窗：装K形玻璃密封条	滚轮、剪刀	
五金配件安装	平开门窗：装铰链、门板、门锁，框扇合拢，装合拢配件、执手、窗撑、合页等；推拉窗：装滑轮、防风块	电动及气动工具、自攻螺钉、仿形铣	
玻璃装配	装玻璃垫块并固定，安装玻璃压条	玻璃平台、粘合剂	
门窗成品检验、包装			按国家标准要求严格检查，门窗应用软质材料包捆
入库管理	按规格、品种或工程项目竖立码放整齐，距热源1m以上	成品架	码放时五金配件应错开，以免压坏

4.3 塑料门窗加工前准备

4.3.1 型材的品种和数量

门窗的开闭方式是选择型材品种与几何形状的决定因素。组成一个品种的门窗，需用4~5种不同断面形状和尺寸的型材，常用的平开窗（门）、推拉窗（门）所需的配套型材品种及几何形状见表4-5。

表 4-5 PVC-U 门窗用基本配套型材品种及几何形状

	窗框	中梃	窗扇	玻璃压条	玻璃密封胶条	框扇密封胶条
平开窗						
	窗框	窗扇	封盖	玻璃压条	玻璃密封胶条	框扇密封毛条
推拉窗						

首先必须按订货合同要求的门窗品种、规格、数量列出所需系列的 PVC-U 型材品种配套清单。在数量上每种型材按不同消耗情况适当留有余地。主型材的主要表面应贴保护膜。

4.3.2 型材的质量要求

塑料门窗在装配前必须对每批采购的型材进行严格认真的检验，根据现行国家标准《门、窗用未增塑聚氯乙烯（PVC-U）型材》（GB/T 8814—2004）及现行行业标准《建筑门窗用未增塑聚氯乙烯彩色型材》（JG/T 263—2010）的规定，塑料门窗型材应符合相关要求。

1. 型材材料性能

塑料门窗型材符合现行国家标准 GB/T 8814—2004 附录 C 的要求。型材维卡软化温度≥75℃，简支梁冲击强度≥20kJ/m^2，主型材的弯曲弹性模量≥2200MPa，拉伸冲击强度≥600kJ/m^2。

2. 型材的外观

型材可视面的颜色应均匀，表面光滑、平整，无明显凹凸，无杂质、无气泡。型材端部应清洁、无毛刺。型材允许有由工艺引起的不明显的收缩痕。表面不允许有明显的收缩痕、严重影响外观的擦划伤。

彩色型材的颜色偏差应符合现行行业标准 JG/T 263—2010 的有关规定。

3. 型材的尺寸和偏差

1）型材的外形尺寸和偏差应满足表 4-6 的要求。

表 4-6 PVC-U 塑料门窗型材外形尺寸和偏差 （单位：mm）

外形尺寸		偏差
厚度 D	D≤80	±0.3
	D>80	±0.5
宽度 W		±0.5

2）型材功能尺寸及偏差应满足 JG/T 176—2005 的要求。

3）主型材的壁厚应满足表 4-7 的要求。共挤型材的共挤层最小厚度不应小于 0.20mm，涂装型材的涂层干膜厚度不应小于 25μm。

表 4-7　主型材壁厚要求　（单位：mm）

类型	门用型材	窗用型材
可视面	≥2.8	≥2.5
非可视面	≥2.5	≥2.0

注：1. 共挤型材的主型材共挤面壁厚包括共挤层厚度。
2. 覆膜型材的主型材覆膜面壁厚不包括膜和胶的厚度。

4）长度为 1m 的主型材直线偏差不应大于 1mm；长度为 1m 的纱扇型材直线偏差不应大于 2mm。

5）主型材每米长度的质量与标称值的偏差不应超过 5%。

4. 主型材的可焊接性

焊角的平均应力不小于 35MPa，焊角的最小破坏应力不小于 30MPa。

另外，还需要检查主型材的落锤冲击性能、加热后尺寸变化率、150℃加热后状态、老化性能等。

4.3.3　型材的包装、运输及贮存

根据现行国家标准《门、窗用未增塑聚氯乙烯（PVC－U）型材》（GB/T 8814—2004）的规定，型材应使用塑料薄膜或其他材料捆紧扎牢，不能使型材外露。型材出厂应具有合格证，合格证上至少应包括每米质量、规格、*I* 值、*e* 值、生产日期。主型材的可视面应贴有保护膜，保护膜上至少有本标准代号、厂名、厂址、电话、商标等。主型材应在非可视面上沿型材长度方向，每间隔 1m 至少应具有一组永久性标识，应包括老化时间分类、落锤冲击分类、壁厚分类等。

PVC－U 型材在包装、装卸车、运输及贮存过程中，不应受到抛摔、冲击、日晒、雨淋及撞击摩擦等。PVC－U 型材产品应贮存在阴凉、通风的库房内，平整堆放，高度不宜超过 1.5m，避免阳光直射。型材贮存期一般不超过两年。环境温度低于 40℃，型材码放处距热源（暖气管道、暖气片等）不小于 1m。运输时应避免重压，应轻装轻卸。根据技术标准规定，如果型材在 0℃以下的库房内保管，在装配门窗前型材应在室温（≥15℃）下存放 24h 以上方可加工装配，而在 0℃以上、15℃以下温度保存，在投产前转入厂房内保存的时间可适当减少。

4.4 塑料门窗型材的下料

4.4.1 塑料门窗下料尺寸依据

在塑料门窗制作过程中，第一道工序是型材的下料。下料精度对门窗质量有非常重要的影响。为保证门窗良好的使用性能，必须要保证门窗在设计及下料切割时严格按规范进行。

1. 洞口伸缩缝间隙

门窗制作尺寸即其外形尺寸是由建筑设计图、洞口尺寸决定的。由于塑料门窗采用“后塞口”安装工艺，在制作门窗时，需要留出一定间隙，以便在安装时调整门窗在建筑洞口内的水平度与垂直度，并保证在安装后贴饰面砖压框边的要求以及填充柔性材料，以确保门窗使用时在温差作用下能自由延伸不变形的需要。

现行行业标准《塑料门窗工程技术规程》（JGJ 103—2008）规定，门窗的构造尺寸应考虑预留洞口与待安装门窗框的伸缩缝间隙及墙体饰面材料的厚度。伸缩缝间隙应符合表 4 - 8 的规定。

表 4 - 8 预留洞口与门窗框的伸缩缝间隙 （单位：mm）

墙体饰面层材料	洞口与门窗框伸缩缝间隙
清水墙及附框	10
墙体外饰面抹水泥砂浆或贴陶瓷锦砖	15 ~ 20
墙体外饰面贴釉面瓷砖	20 ~ 25
墙体外饰面贴大理石或花岗岩板	40 ~ 50
外保温墙体	保温层厚度 + 10

注：窗下框与洞口的间隙可根据设计要求选定。

门的构造尺寸除应符合表 4 - 8 的规定外，还应符合下列要求：无下框平开门，门框高度应比洞口高度大 10 ~ 15mm；带下框平开门或推拉门，门框高度应比洞口高度小 5 ~ 10mm。

2. 焊接余量

塑料门窗框、扇焊接成形是在一定温度与压力条件下，通过熔融挤压损失一定长度来完成的。因此门窗设计时为保证成形尺寸，应补充相应长度进行补偿，即为焊接余量。焊接余量数值大小由型材配方及焊接的实际情况确定。一般情况按每端焊缝消耗型材长度 3mm，所以门窗框、扇的下料长度应比其成形尺寸长 6mm。

3. 框、扇搭接量

门窗框、扇采用搭接方式进行密封，框与扇的搭接部分称为搭接量。门窗框、扇搭接量是保证门窗正常、安全工作的一项重要指标。

对于平开窗，搭接量一般在 8 ~ 10mm 之间。如条件允许，搭接量尽量选择大些，这样在安装和使用中，即使框、扇搭接位置少许错位，也能保证框、扇之间的密封。采用不同的五金件也是影响搭接量的因素。若采用普通的执手，框、扇搭接量可选择大些；若采用传动执手，框、扇之间需要一定的间隙安装传动器，所以搭接量就得小些，否则安装在扇上的传动器易与窗框相碰，影响窗扇的开关。

对于推拉门窗，以常用的扇包框的欧式型材为例，搭接量由窗框凸筋、窗扇凹槽和滑轮尺寸决定。通常凸筋、凹槽尺寸相同（也有凸筋尺寸大于凹槽尺寸的），为 20～22mm。扇凹槽尺寸减去滑轮高度，就是扇与下框的搭接量。滑轮高度一般为 12mm，则搭接量为 8～10mm。门窗的框、扇配合间隙和搭接量如图 4-2 所示。

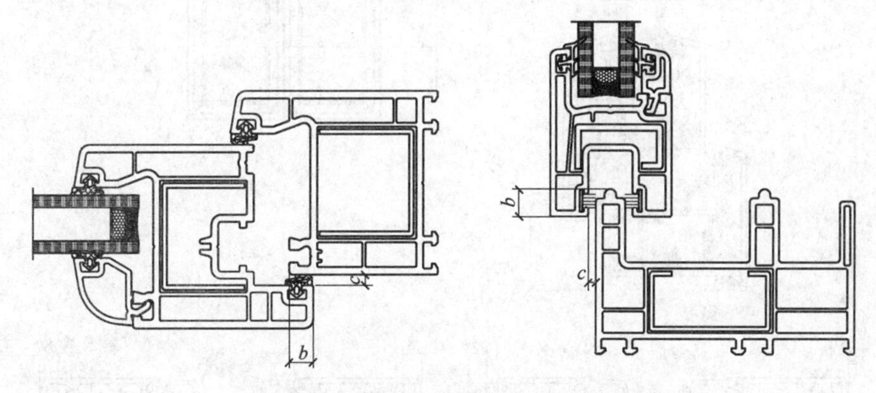

图 4-2　门窗的框、扇配合间隙和搭接量

4.4.2　门窗的下料计算

门窗的下料计算，主要考虑门窗的制作尺寸，框、扇之间的搭接量及构件焊接时的焊接余量，然后根据框、扇之间的配合关系推算出所有构件的尺寸。

以某 60 系列型材为例，若窗洞口尺寸为 1200mm×1500mm（外墙以普通灰浆抹面，则窗框洞口单边间隙为 15mm），说明内平开窗（梃中分）主要构件的下料计算（搭接量为 8mm，每端焊接余量为 3mm）。内平开窗的下料如图 4-3 所示。

1. 窗框下料

平开窗、推拉窗框下料计算按洞口尺寸，根据墙面饰面材料减去相应的两边洞口间隙得出门窗制作的净尺寸，在窗外形宽、高尺寸基础上两端加焊接余量（一般单端焊接余量为 3mm）即可。

1）图 4-3 所示内平开窗的外形尺寸为：

窗的宽度 W：$1200-(15\times2)=1170$mm

窗的高度 H：$1500-(15\times2)=1470$mm

2）窗框下料长度为：

窗框上下边框（横框）　$1200-(15\times2)+(3\times2)=1176$mm，下料 2 根

窗框两侧边框（竖框）　$1500-(15\times2)+(3\times2)=1476$mm，下料 2 根

2. 中梃的下料

塑料门窗中梃一般采用焊接的安装方式与其他框扇构件连接，此时要注意中梃下料需要

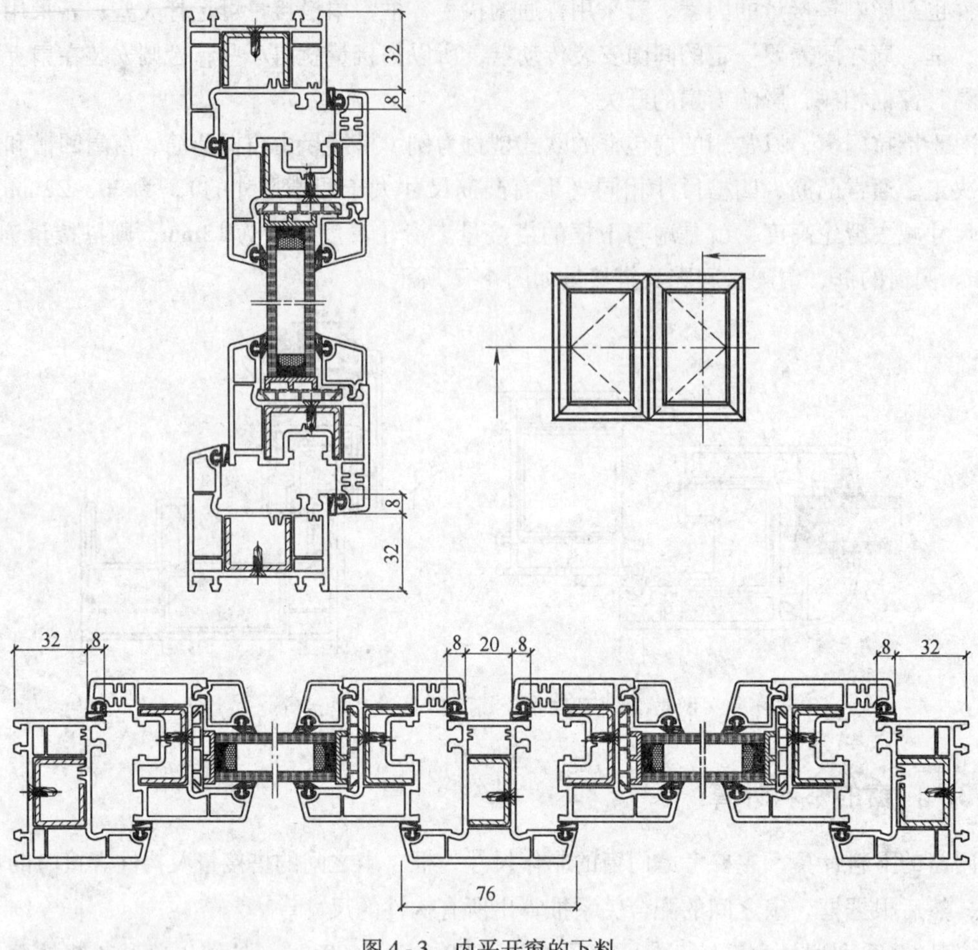

图4-3 内平开窗的下料

45°切两刀从而产生长度损失（L_1-L），如图4-4所示。根据图4-4可知中梃下料长度损失（L_1-L）与梃型材大面宽（T）相等，即$L_1-L=T$。中梃下料计算时必须考虑此长度损失和两端焊接余量。

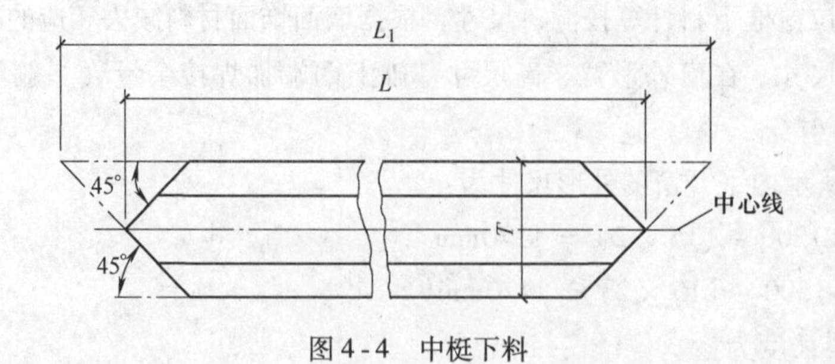

图4-4 中梃下料

3. V形口的下料

根据设计订单上的下料尺寸，具体门窗制作时，V形口在框型材小面上的深度为所焊接中梃小面宽度的一半减去焊接余量。例如，某60系列框型材BR60与梃型材UP76焊接时，其V形口在BR60小面上的深度为36/2-3=15mm。V形口切割如图4-5所示。

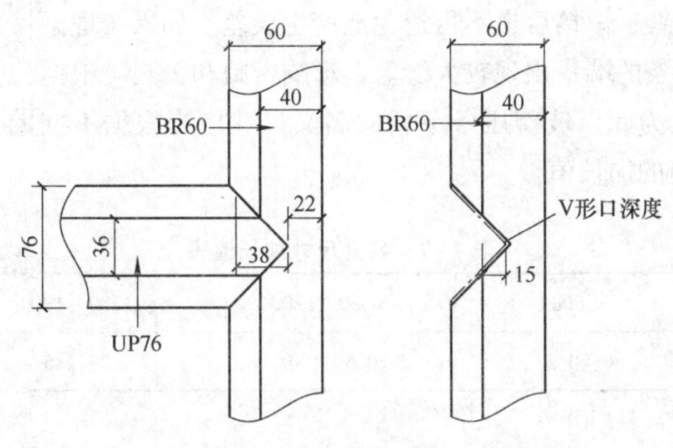

图4-5 V形口切割

图4-3所示窗型竖梃下料长度L_1：

L_1=平开窗高度H-（框型材小面宽-梃型材小面宽/2）+梃型材大面宽T+3×2=[1470-(40-36/2)+76+3×2]mm=1530mm，下料1根。

或者，L_1=平开窗高度H-（框型材大面宽-梃型材大面宽/2）+梃型材大面宽T+3×2=[1470-(60-76/2)+76+3×2]mm=1530mm，下料1根。

4. 窗扇下料

门窗扇的下料尺寸是先根据已知的门窗框外形尺寸、门窗框型材种类和门窗扇型材的外形尺寸以及框、扇搭接量计算出门窗扇的外形尺寸，然后考虑焊缝消耗量便可算出其下料长度。

如图4-3所示，内平开窗窗扇外形尺寸：

窗扇宽度W_S：窗的宽度W/2-（框型材小面宽-搭接量）-（梃型材小面宽/2-搭接量）=[1170/2-(40-8)-(36/2-8)]mm=543mm

窗扇高度H_S：窗的高度H-（框型材小面宽-搭接量）×2=[1470-(40-8)×2]mm=1406mm

则此窗型窗扇下料尺寸：

扇宽下料长度：543+3×2=549mm，下料4根

扇高下料长度：1406+3×2=1412mm，下料4根

由于平开门窗的型材系列很多，型材的截面尺寸各异，所以在具体下料计算时应根据具体型材截面尺寸和搭接量做相应调整。

5. 玻璃压条的下料

PVC-U门窗上的玻璃是用玻璃压条装在窗框上的，玻璃压条下料长度的计算应以窗框外形尺寸为基础，再减去两对边的窗框（窗梃）型材主体高。

对于装在平开窗扇或门扇上的玻璃压条下料长度计算，也应以窗扇或门扇的外形尺寸减去两对边的窗扇主体高H；对于装在推拉窗扇和推拉门扇上的玻璃压条下料长度的计算，也应以窗扇或门扇外形尺寸减去两边的窗扇主型材高H。

按上述方法算出的玻璃压条下料长度只是理论尺寸，实际上，玻璃压条在下料时有误差，同时框、扇在下料、焊接后也不可避免地产生误差。如果按理论尺寸下料，往往在装玻璃时，相邻两玻璃压条的端头出现较大缝隙，影响密封和美观。根据相关标准的规定，此处缝隙应不大于1mm。为此，玻璃压条下料的名义尺寸应当根据不同的理论长度适当加长。表4-9为根据经验定的加长值。

表4-9 名义尺寸加长值表

理论长度 L/mm	≤600	>600~1200	>1200~1800	>1800
加长数值 Δ/mm	0~0.5	0.5~1.0	1.0~1.5	1.5~2.5

6. 推拉窗下料

如图4-6所示，若窗洞口尺寸为1200mm×1200mm，外墙以普通灰浆抹面（则窗框洞口单边间隙为15mm），以某80系列等扇推拉窗为例说明推拉窗主要型材的下料计算（搭接量为8mm，每端焊接余量为3mm）。

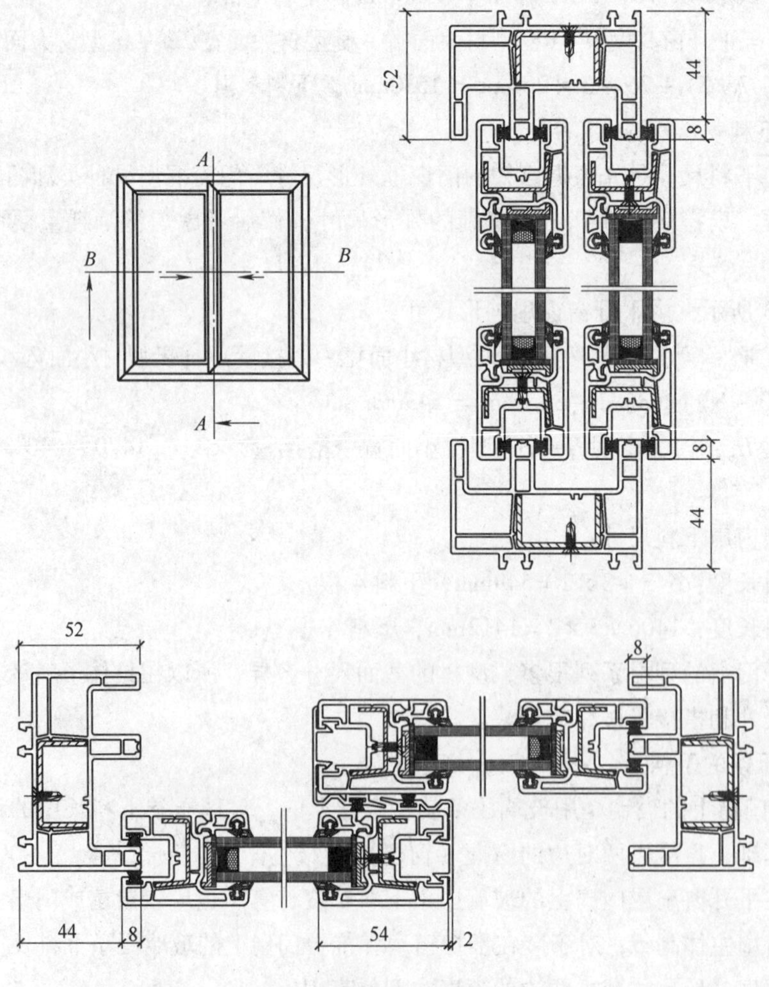

图4-6 推拉窗主要型材的下料

1）推拉窗的外形尺寸

窗的宽度 $W = 1200 - (15 \times 2) = 1170\text{mm}$

窗的高度 $H = 1200 - (15 \times 2) = 1170\text{mm}$

2）框型材下料

窗框下料长度 $1170 + 3 \times 2 = 1176\text{mm}$，下料4根

3）窗扇的外形尺寸

窗扇宽度 $W_S = 1170/2 - (52 - 8) + (54 + 2)/2 = 569\text{mm}$

窗扇高度 $H_S = 1170 - (52 - 8) \times 2 = 1082\text{mm}$

4）扇型材下料

扇宽下料长度 $569 - 2 + 3 \times 2 = 573\text{mm}$，下料4根

扇高下料长度 $1082 + 3 \times 2 = 1088\text{mm}$，下料4根

4.4.3 门框的下料说明

1. 平开门框下料

平开门有两种，一种是有下边框的平开门，另一种是无下边框的平开门。有下边框的平开门，上边框和两个侧边框留间隙，下边框与地面不留间隙；无下边框的平开门，上边框和两个侧边框留间隙，门框的两个侧边框下端必须埋入地面以下，深度以30mm为宜，埋入地面的端头应切割成90°齐头。

以外墙面抹普通水泥砂浆，门洞口尺寸900mm×2100mm为例，平开门框的下料如图4-7所示。

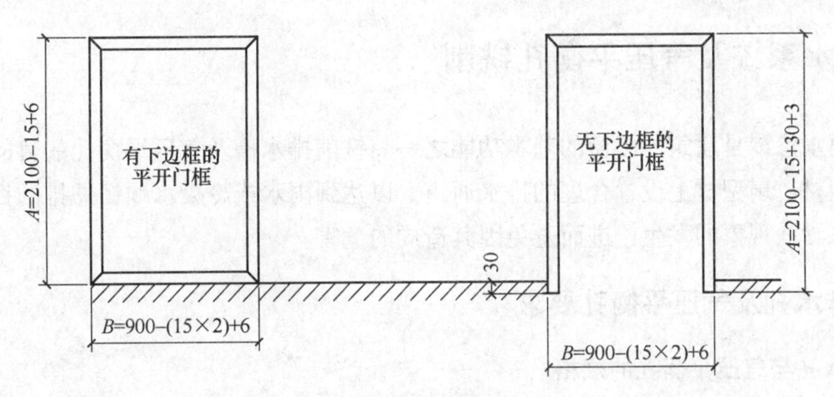

图4-7 平开门框的下料

2. 推拉门框下料

推拉门框的下料长度也有两种不同情况。一种是门框下边框放在地面上，使推拉门带有“门槛”，而上边框与墙体洞口壁结合，这就和推拉窗的上边框一样。因此在计算其侧边长度时只将上边框留有单边间隙，而下边框与地面之间不留间隙，侧边框下料长度按洞口高度少减一个间隙尺寸。另一种是门框下边框装在地面以下预先浇灌好的沟槽中，门框下边框的顶面与地面齐平，使之成为“无门槛”的推拉门，沟槽深度与推拉框型材高度一样，这样

侧边框的下料长度还要将沟槽深度加进去。

以外墙面抹普通水泥砂浆，门洞口尺寸 1500mm ×2100mm 为例，推拉门框下料如图4 - 8所示。

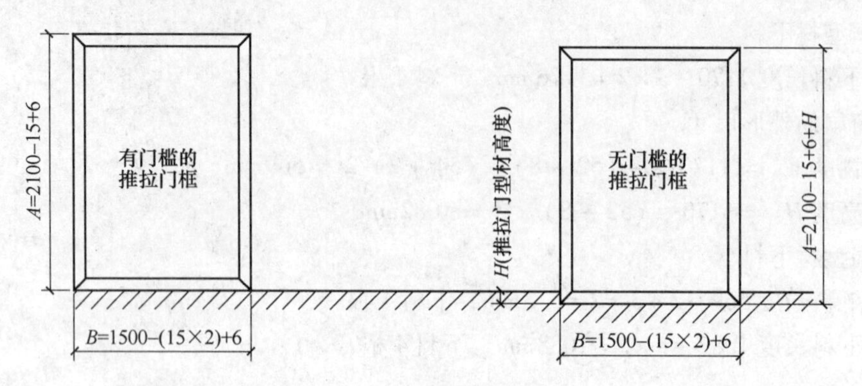

图 4 - 8 推拉门框的下料

4.4.4 型材下料工序技术要求

型材锯切下料是门窗组装的关键工序之一，直接影响到门窗的加工质量。

1）下料长度公差为 ±1mm。

2）下料角度公差为 45° ±15′。

3）下料端的切削面与型材两端侧面的垂直度误差不大于 1mm。

4）下料后的端面不应有缺口、崩料及裂纹。

4.5 排水系统及气压平衡孔铣削

防止雨水渗漏是建筑外门窗的基本功能之一。铣削排水槽及气压平衡孔的目的就是通过在门窗框型材、扇型材上设置合理的排水通道，以达到雨水或冷凝水顺畅外排的目的，减少或杜绝雨水渗漏现象的发生，进而避免因其造成的危害。

4.5.1 排水孔及气压平衡孔要求

1. 排水孔与气压平衡孔的规格

门窗扇关闭时，凡是加工在门窗框、扇上露在室外表面的排水孔，称为外排水孔；在门窗框、扇型材内部加工的雨水排水孔，称为内排水孔。根据其所处的位置及作用，可将排水孔和气压平衡孔分为内排水孔和外排水孔、内气压平衡孔和外气压平衡孔。

排水孔与气压平衡孔，一般为长圆孔。排水孔的规格尺寸一般为 $\phi \times L$（5mm ×30mm）；气压平衡孔的规格尺寸一般为 $\phi \times L$（5mm ×30mm）。

2. 排水孔分布

一般情况下，每一个外排水孔应该对应一个内排水孔。对于平开门窗的扇和推拉门窗的扇而言，由于其制作尺寸的限制，只需在其下边构件上打一个内排水孔和一个外排水孔。

1）当下边框边长≤700mm 时，开一个外排水孔，位置在边长的正中处。

2）当下边框边长为 700～1800mm，开两个外排水孔，位置在各距两端边长 1/4 处。

3）下边框边长≥1800mm 时，开 3 个外排水孔，其中两个的位置在距两端 1/6 处，第三个位于构件的中间处。

排水孔的数量及其分布，应视该地区的气候条件及降雨量而定。降雨量较大的地区，排水孔的个数可以稍多，规格尺寸也可以稍大一些。

3. 气压平衡孔分布

直接装在门窗框、门窗扇上的每一块玻璃，其上边框室外一侧的中央应该铣一个或多个外气压平衡孔，铣一个内气压平衡孔，内、外气压平衡孔可以不错开。

排水孔与气压平衡孔分布如图 4-9～图 4-11 所示。

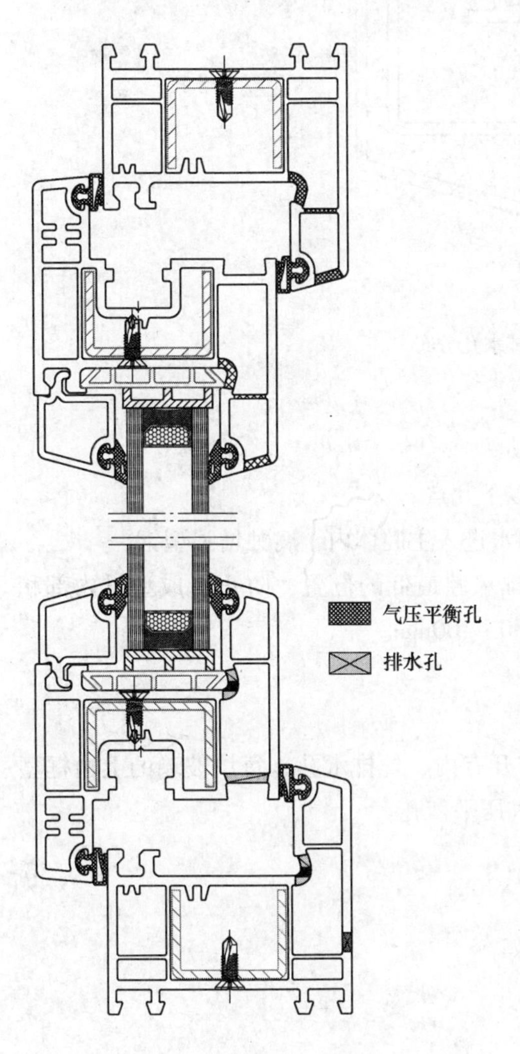

图 4-9　平开窗排水孔与气压平衡孔分布

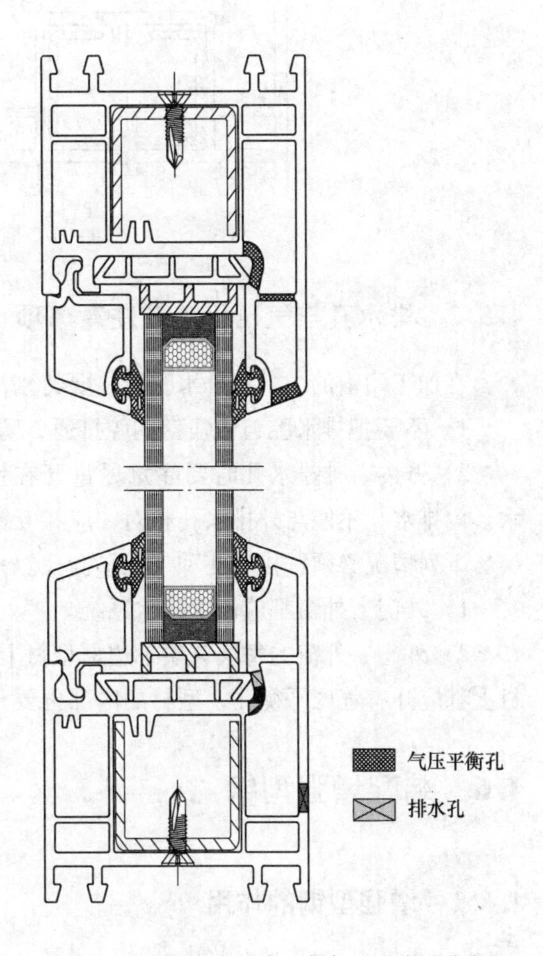

图 4-10　固定窗排水孔与气压平衡孔分布

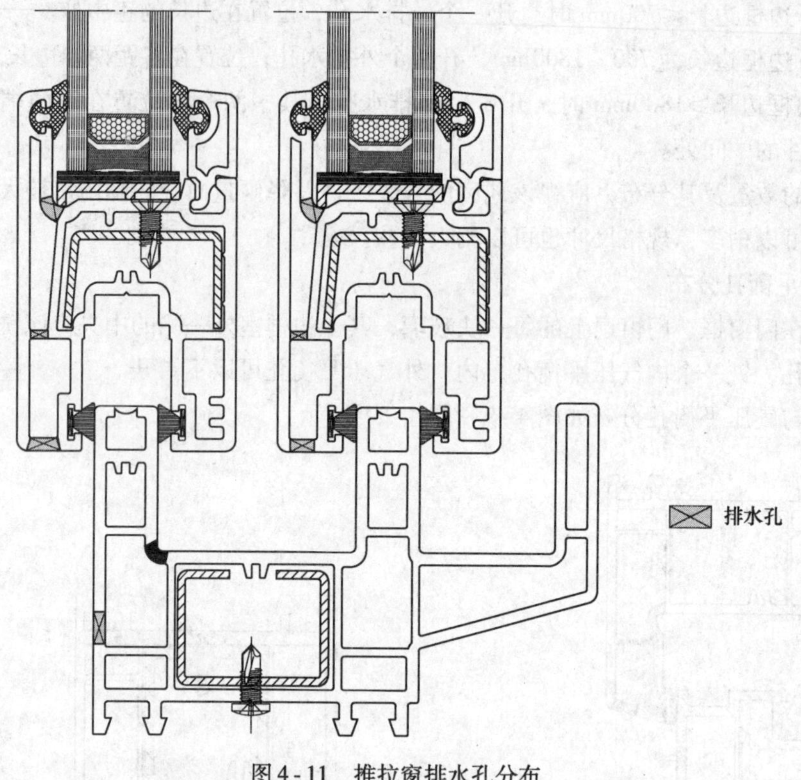

图4-11　推拉窗排水孔分布

4.5.2　排水孔与气压平衡孔注意事项

在加工门窗的内、外排水孔时，要特别注意以下几点。

1）不要把排水腔与增强型钢腔打通，防止雨水进入主腔体内，腐蚀增强型钢。

2）开内、外排水孔时要注意尽量开在型材排水腔最低的位置，防止造成型材内部积水。内排水孔不能与外排水孔相对，应相互错开50～100mm。

下列情况必须铣排水孔和气压平衡孔。

1）外门、外窗都应设置排水系统。

2）外门、外窗的每块玻璃下边框型材上都应开有内、外排水孔，每块玻璃的上边框型材上都应开有气压平衡孔，型材的内部也要开有气压平衡孔。

4.6　装配增强型钢

4.6.1　增强型钢的作用

1）可减少由于风荷作用产生的变形，提高抗风压强度，特别是轻型窗，由于型材截面小，必须靠增强钢衬来提高抗风压强度。

2）可减少由于玻璃和框扇的自重作用产生的变形，特别是大洞口、大型材制作的塑料

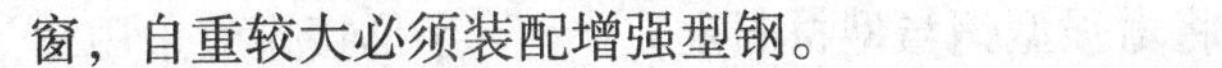

窗，自重较大必须装配增强型钢。

3）防止由于温度作用而产生的变形，辅助保持型材平直，当型材弯曲不严重时，增强型钢可以补偿型材的部分缺陷，保证组装的几何形状。

4）提高五金件的安装连接强度，不论型材壁厚多大，只要在其上安装五金件，就要加装增强钢衬。

5）使成品门窗更加牢固，方便运输，便于安装。

4.6.2　增强型钢的技术要求

增强型钢装加在PVC－U型材的增强型钢腔内，增强型钢与型材承载方向内腔配合间隙不应大于1mm，以保证增强型钢加装方便，且受风压后能恢复原状。增强型钢在加工时，外形尺寸允差为－0.1～－0.5mm，常见形式如图4-12所示。

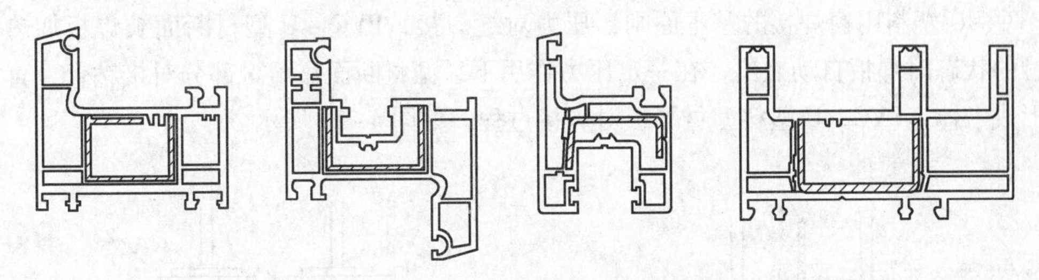

图4-12　增强型钢断面形状

1）所有型材增强型钢腔应加装增强型钢。根据门窗抗风压强度、挠度计算结果确定增强型钢的规格。当门窗主型材构件长度大于450mm时，其内腔应加增强型钢。门的增强型钢最小壁厚不应小于2.0mm，窗的增强型钢最小壁厚不应小于1.5mm。增强型钢表面热镀锌防腐，处理前进行酸化处理，以清理表面污物，增加附着力。

2）框、扇、梃上需要用自攻螺钉固定，安装五金件时，必须加装增强型钢，使自攻螺钉拧紧在增强型钢的壁上，保证五金件的安装有必要的牢固度。

3）增强型钢端头距型材端头内角距离不宜大于15mm，且以不影响端头焊接为宜。增强型钢与型材承载方向内腔配合间隙不应大于1mm。平开窗所有钢衬45°切割。

4）用于固定每根增强型钢的紧固件不少于3个，其间距不大于300mm，距增强型钢端头距离应不大于100mm。固定后的增强型钢不得松动。紧固件应采用沉头或盘头自攻螺钉，自攻螺钉直径及所钻基孔的孔径应根据增强型钢壁厚合理确定，以保证紧固度。

5）增强型钢装入型材增强型钢腔后，应保证型材内部无划伤、变形等现象，不影响传动器执手和门锁的安装，当增强型钢与型材配合尺寸不合适时，不得强行加装增强型钢。

4.6.3　增强型钢的装配方式

不影响焊接的部位，增强型钢预先插入型材内并用自攻螺钉将增强型钢与型材固定。

“T”形焊接部位的增强型钢，需在型材焊接前插入增强型钢，具体作法是将增强型钢推进型材至焊缝附近，待焊接型材熔融后焊板刚刚提起，对接即将开始时，及时推进增强型钢至规定位置，待焊缝冷却后用自攻螺钉将增强型钢与型材固定。“十”字形接头应采用螺钉联接，而不采用焊接方式。

4.7 PVC－U 塑料门窗焊接

将经锯切、安装增强型钢及铣削槽孔等工序之后的型材，沿锯切端面焊接成为矩形（少数为非直角的特殊角度）门窗框或门窗扇的过程，就是塑料门窗的焊接。焊接直接关系到成品质量、使用性能及安全等各个方面，所以是塑料门窗组装的关键工序之一。焊接工序应保证成品尺寸、焊接角强度等各项工艺技术指标的要求。

4.7.1 焊接原理

PVC－U 塑料门窗焊接的基本原则：压力对缝焊接，PVC－U 型材断面被焊板加热，处在熔融的状态时焊板自动撤出，在一定压力作用下，型材断面靠熔融部分对接粘合，直至冷却，形成一体。PVC－U 塑料型材平板对焊接过程，如图 4-13 所示。

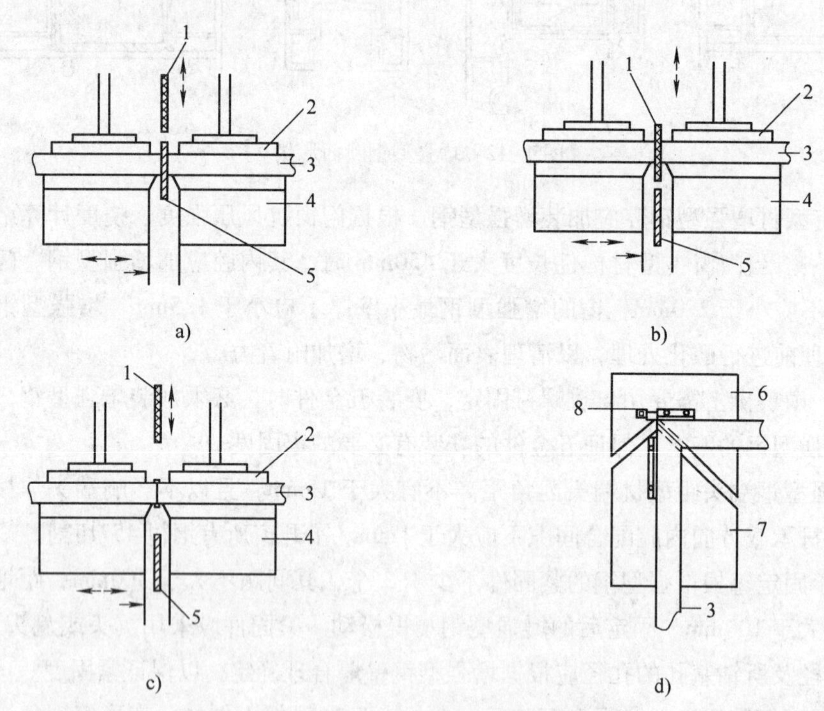

图 4-13　PVC－U 塑料型材平板对焊接

a）定位　b）加热熔融（一次进给）　c）焊接（二次进给）　d）焊接模型

1—焊板　2—压钳　3—型材　4—基面　5—前定位板　6—后压钳　7—前压钳　8—后定位板

作为塑料型材的连接方式之一，焊接有其特殊的优点。它是一种最经济而迅速有效的连接方法。焊接工序中除焊接前型材在焊机上的安装及焊接后成型的框材的取下由人工完成外，其他操作都由焊机自动完成。焊后（经简便的清理操作后）制品外观美观，连接均匀，焊缝性能与母材基本相同。

4.7.2 焊接工艺要点

影响焊接质量的因素较多，因此各焊接工步的参数要求严格，焊接工步需要机器自动按规定程序完成，尽可能排除人为因素造成的不稳定性。焊接工序中除焊接前型材在焊机上的安装及焊接后成型的框材的取下由人工完成外，其他操作都由焊机自动完成。

1. 装夹型材

将需焊接的型材安放到焊机上，型材焊接端面由定位板定位。定位板的厚度略大于加热板厚度，用它来保证两根被焊接型材的正确定位，并且使两根型材的同一焊角端头之间有足够的空间距离，以便容纳加热板的进入和退出。焊机工作台的背面装有紧定螺钉，这是为了适应不同配方的需要以调节不同的焊接余量。焊机上有标尺刻度，它指示工件焊后应达到的尺寸。可通过调整装夹定位螺钉使型材恰好能装进两端的定位杆之间并保持一定紧度。焊机通常按3mm焊接余量调整好装夹定位螺钉并加以锁定。将型材放入焊机工作台定位时，若发生型材太紧或太松，应首先检查型材下料长度是否正确，并应检查紧定螺钉是否松动或调整好定位参数。单点焊机可不装紧定螺钉，因为它是用手工将型材焊机面压紧在定位板上的。

2. 自动压紧型材

按下焊接按键开关后，型材的焊接端头首先被气缸压紧固定，此后焊机按照程序自动进行。每个焊接机头都有两个气缸带动压钳将焊缝两边的型材端头压住，因此单点焊机、两点焊机、四角焊机分别有2个、4个、8个气缸同步动作。多个气缸动作的协调一致特别重要，以免压紧型材时由于各气缸动作的先后、快慢不一致，使已定位好的型材产生不应有的位移或翘起，使两焊接型材端头错位、焊缝偏移造成废品。为了使多个气缸能同时协调动作，通常在每个气缸的进、出气管路上装有可调节气流大小的手动调速阀来调节气缸动作的快慢，使其同时协调动作。

3. 加热熔化后焊接

根据焊接程序设定型材被焊机自动压紧后，定位板即自动退出，随后加热板自动进入定位板位置，型材自动压向加热板，两根型材的焊接端面与加热板的两面接触并开始熔化。

型材焊接端面与加热板表面接触后，进给气缸推动压力和加热板的高温使接触面的型材受热熔化，熔化变软的材料被挤出到壁厚的两旁，另一方面进给气缸的压力使型材不断地向加热板加压和运动、压紧，至夹紧型材的工作台底座贴紧焊机上的加热定位螺钉。自加热定位螺钉与焊机底座相碰后，保持压力15~30s，型材停止向加热板表面运动，熔化的型材材料被挤出到型材两旁。被挤出的塑料叫“接触余量”。这一步使加热板表面与型材端面紧紧贴合，以保证加热均匀。每根型材的每个焊接端面大约消耗掉0.5~1mm的长度（即接触余量）。

4. 焊接、保压和冷却

当焊接端面的加热熔化时间达到预定值后，气缸和工作台带动型材自动反方向后退，使型材与加热板脱离接触，随后加热板退出加热位置，工作台又自动推进，使两根型材的焊接端面彼此接触，熔化的材料互相融合，焊接在一起。焊接时间1~2s。因为时间越短，焊接融合越容易，焊缝强度也越高。

两个焊接端面互相接触，焊缝互相融合时，由于气缸的推动，两根型材继续靠拢，多余的熔融型材被挤出到焊缝两边，直到工作台的焊接定位螺钉碰到型材夹紧底座，型材才停止被推进。在这种状态下，保持压力约0.4~0.6MPa，并维持25s左右，待焊缝处熔化融合在一起的材料基本冷却变硬后，各焊接接头处的气动夹紧装置便自动打开，焊接工序即完成。

从两根型材的焊接端面接触到焊接定位螺钉碰到型材底座，型材停止推进，每根型材的焊接端面上大约有2~2.5mm长的型材塑料被挤出到焊缝处的两边，这部分被挤出的塑料称为“消耗余量”。型材焊接余量是由“接触余量”和“消耗余量”两部分组成的，它们都被挤出在型材焊缝两边成为焊接飞边和焊渣。

4.7.3 焊接工艺参数

可焊性（焊接角强度）是衡量塑料门窗焊接质量的重要指标。现行国家标准《门、窗用未增塑聚氯乙烯（PVC-U）型材》（GB/T 8814—2004）规定，塑料门窗型材主材的可焊性强度平均应力不小于35MPa，最小应力不小于30MPa。

焊接工艺参数直接影响塑料门窗的质量，尤其是成品门窗的焊角强度，因此严格制定和控制焊接工艺参数尤为重要。焊接工艺参数主要包括：

焊接余量：2~4mm/单头（一般为3mm）

焊接温度：240~270℃

焊接压力：焊接系统压力0.4~0.6MPa，熔融压力0.3~0.4MPa，对接压力0.4~0.5MPa

焊接时间：熔融时间20~30s，对接时间25~35s

焊接工艺参数因不同设备、不同条件、不同规格型材，参数值是可以变化的，应通过试验找出最合适的焊接参数。焊接前，应对各参数仪表进行校正，保证其显示值与实际值相符合，其中：

1）应调整焊接温度在工艺参数范围内，并保证焊接结合面处于最佳塑化区，调整时，每次调整1~2℃，可通过表面状态（焊瘤微黄）来确定具体温度。

2）夹紧压力在0.4~0.6MPa之间调整，保证型材在对接时不出现移位及变形。熔融压力在0.3~0.4MPa之间调整，保证焊件端面很快平整。对接压力在0.4~0.5MPa之间调整，以保证足够压力。

3）熔融时间先设定在20~30s范围内，调整好焊接温度后，再微调时间。对接时间应控制在25~35s，可适当加长。

温度、压力、时间是影响焊接质量的三个重要参数，在实际生产中应以焊角强度测试结果灵活调整，以使三个参数达到最佳匹配，保证焊接质量。

4.7.4 焊接顺序

焊接顺序的选定直接关系到门窗框、扇的焊接质量和生产效率，在焊接前，应根据窗型确定焊接工艺。

带梃的多分格窗要先焊接梃，后焊接框，避免因工序复杂造成变形。分格较多时，还应先焊中央分格型材的接点，再焊边框上的接点，同时还应根据设备情况来确定焊接顺序和次数。

焊接顺序示意如图4-14所示，①~④节点先以单点焊机进行焊接，⑤~⑧节点以两点焊机接着进行焊接。

由于窗框、横杆、竖梃都应装增强型钢，除竖梃内的增强型钢可以在焊接前装入型材并加以固定外，其余都必须在焊接后趁焊缝尚未完全冷却时迅速用力推入增强型钢。如果在焊接前装入增强型钢，增强型钢将妨碍加热板加热而无法焊接；而如果在焊缝冷却后装入增强型钢，会因型材内腔中的焊缝飞边、焊渣冷却变硬，使空腔变窄而阻碍增强型钢穿过。因此，一般的做法是预先将增强型钢穿进型材至焊缝附近，待加热板退出、型材熔合、焊机压板还压住型材时，用力将增强型钢推进，此时处于柔软状态的焊缝不会阻碍增强型钢的穿入。图4-14中横杆上有三个结点，故增强型钢也应分三步进入，按①~③顺序每次穿过一道焊缝，最后将增强型钢推进到规定位置。其余除窗框下边框上（图4-14中⑤）是两个结点一次穿过外，其他各边框的增强型钢都只需穿过一个结点的焊缝便可到位。

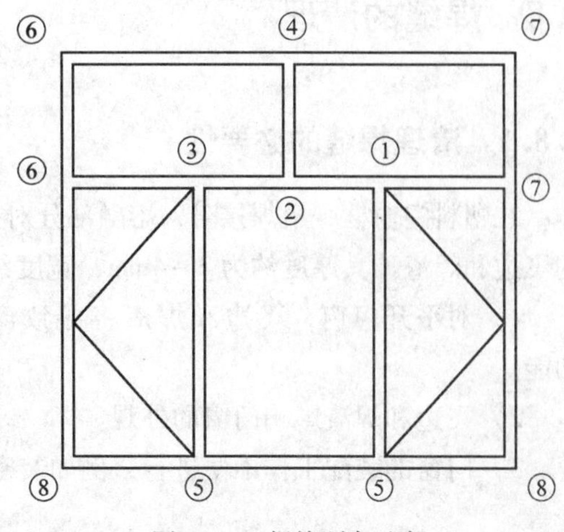

图4-14 焊接顺序示意

4.7.5 焊接注意事项

1）焊接设备应定期进行检查，检查各个定位螺钉是否松动、位移，以确保工艺参数有正确的定位保证。

2）采用焊布的焊机应保证焊布质量（焊布材质为PTEF），经常清洁焊布，焊接10次后清洁1次，焊接1000次后更换焊布，更换后应重新调节温度。

3）焊机应远离通风处，避免过堂风，以免影响焊板热稳定性。

4）型材焊接完毕应下垫木板小心摆放，自然冷却，避免焊角受力或突然强制冷却。

5）每焊完一次，必须间隔一定时间使焊板温度恢复到设定值。

6）焊接设备的操作人员要保持相对稳定，有利于提高焊接质量。

4.7.6 塑料门窗彩色型材的焊接

根据现行国家标准《建筑门窗用未增塑聚氯乙烯彩色型材》（JG/T 263—2010），塑料门窗彩色型材按着色手段不同主要分为共挤型材、覆膜型材、涂装型材及通体型材，其中共挤型材所占比例最大，其次为覆膜型材。彩色型材的焊接时应注意：

1）可使用无缝焊机进行焊接，焊后无需清角，焊缝有很小的线，可以不进行处理。具体根据共挤层表面厚度进行焊接调整。

2）如没有无缝焊机，清角后就会露白，需要进行修补，可使用专用修复笔进行修复，也可配同色的丙烯酸漆进行涂抹修复。

4.8 焊缝的清理

4.8.1 清理焊缝的必要性

在塑料门窗框、扇焊接时，熔融部分对接时熔融物被挤出，焊缝两边上都有焊后被挤出的飞边和焊渣，其厚度约为2~4mm，宽度约为3~5mm。必须将其清除，原因如下：

1）对平开门窗，飞边和焊渣将导致窗框、扇关闭不严；对推拉门窗，会妨碍推拉功能。

2）飞边和焊渣影响门窗的外观。

3）门窗的装配工作不便进行，例如装密封条沟槽处的焊缝、装推拉扇封边型材处的焊缝等。

4.8.2 必须清理的焊缝

1）门窗框扇、分格型材暴露在室内外两侧的焊缝必须清理，如图4-15虚线所示，以免影响美观和影响平开门窗框、窗之间的密封。

2）框、扇四角的外尖角处应清出5mm×45°的倒角，如图4-16所示，以免影响窗框安装或组合门窗的组合，避免门窗扇在开关中划伤手臂和影响美观。

3）框扇及分格型材的内角处，凡是影响外观和软密封条装配的槽内焊缝都应予以清理；而不影响外观、装配和密封的焊缝可以不清理。

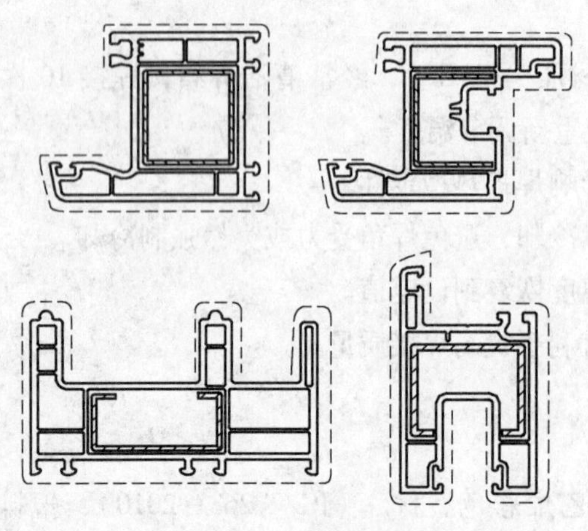

图4-15 焊缝清理部位

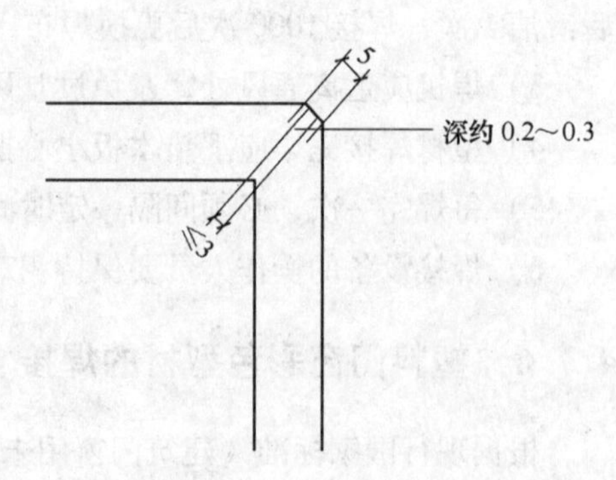

图4-16 焊缝的清理

4.8.3　清理焊缝的方法

门窗框扇暴露在室内外两侧面的焊缝及4个外尖角都可用数控清角机清理，效率高，清理后外观漂亮。焊缝清理后成一条宽约3mm、深约0.2～0.3mm的浅沟，十分均匀；外尖角则清理成5mm×45°的倒角。

内角处的焊缝常用手工清理。为了提高效率，节省体力，也可以将其中一部分焊缝用气动工具清理。

对于外尖角的焊缝，除如前述可在清角机上将焊缝铣切成5mm×45°的倒角外，为了节省设备投资，也可以用铣外角的气动工具手工铣切倒角。有的PVC－U门窗装配厂用手提风动清角机，虽然不如清角机省力、快捷、方便，但较适用于小批量生产。

密封条槽在窗框、扇与分格型材的转角处，槽内的焊缝也应清理，以免妨碍密封条的装配就位，尤其是用螺钉联接装配的分格型材的“T”形接点处。安装在窗框密封条槽内的密封条在“T”形接点处需要90°进入分格型材的密封条槽内，虽然此处没有焊缝，但仍需要用铣焊缝飞边的工具将窗框上的密封槽在90°转折处铣开一个缺口，以便与分格型材上的密封条槽连通，否则装密封条时，此处便无法使密封条保持连续，只有剪断重新装入。同样，窗框、扇四角焊缝在密封条槽内外的飞边、焊渣也需要清理，否则此处的密封条也难以正确就位。

4.8.4　清理焊缝的注意事项

1）焊缝清理宜在焊接后焊角处并未完全冷却时进行，此时型材内部分子结构趋于稳定，未完全硬化，既不影响焊角强度也不会产生崩角现象，可获得高质量的焊缝清理效果。

2）使用数控清角机或手动清角机清理两侧面焊瘤时，要注意保证刀片的正确角度和刀刃的锋利，合理设定切削程序，切削深度不可过大，以免造成型材内腔暴露的现象。

3）无缝焊接时，门窗内外两可视面焊缝及外角部无需清理（在焊接后由焊机的拉刀直接清除），但其他处与普通焊机焊缝清理方法相同。

4）焊缝清理时，严禁在型材上留有刀痕，因为由此产生的槽痕效应将造成应力集中导致型材易在此处出现裂缝。

5）在使用螺接时，胶条槽部位也应清理铣开，使胶条槽贯通。

4.9　密封胶条的安装

4.9.1　密封胶条的作用

为保证PVC－U塑料门窗具有良好的密封性能，需要在门窗上安装密封条。密封条主要包括密封胶条和密封毛条，密封胶条分为框、扇密封胶条和玻璃密封胶条，而密封毛条主要用在推拉门窗上保证门窗框与门窗扇之间的密封性能。

在选择密封条时，要注意所选择的密封条剖面形状、尺寸、材料等必须满足标准的要求，且性能可靠、安装方便。

4.9.2 密封胶条的种类

1. 玻璃密封胶条

玻璃密封胶条也称为K型密封胶条（图4-17），主要用于玻璃装配时压条与玻璃之间的密封。

2. 框扇密封胶条

框扇密封胶条也称为O型密封胶条（图4-17），用于门窗框、扇之间配合间隙的密封。一般情况下，门窗框、扇之间的配合间隙为3~5mm，所以在选择密封胶条时要注意所选胶条的规格。

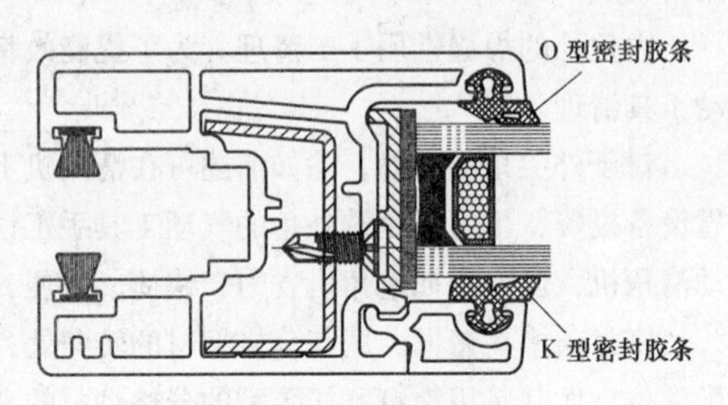

图4-17 密封胶条

4.9.3 密封胶条安装的注意事项

一般来说，推拉窗密封毛条焊接前穿入，毛条端部切成跟型材相同的角度（45°）；玻璃密封胶条焊后穿入，穿入后的密封胶条应处于自由伸展状态，不应有过大的拉伸量；胶条对接处使用胶水粘接，以防止冷热收缩产生缝隙，降低门窗密封性。

框、扇搭接密封胶条在框、扇焊接完成后安装压入，压入时用滚轮先将端头压入100mm，然后再一段一段地连续逆向压入，以免胶条拉伸或发生断裂，影响密封性。

每个框、扇的密封胶条必须是完整的一根，转角处切42°豁口，使密封胶条在直角处平整，严禁把胶条剪断；窗扇的胶条对接处在下框的中部，窗框的胶条对接处在上框的中部，如图4-18所示。

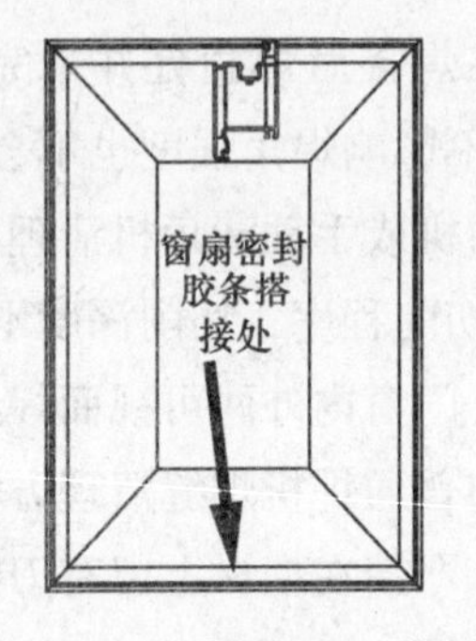

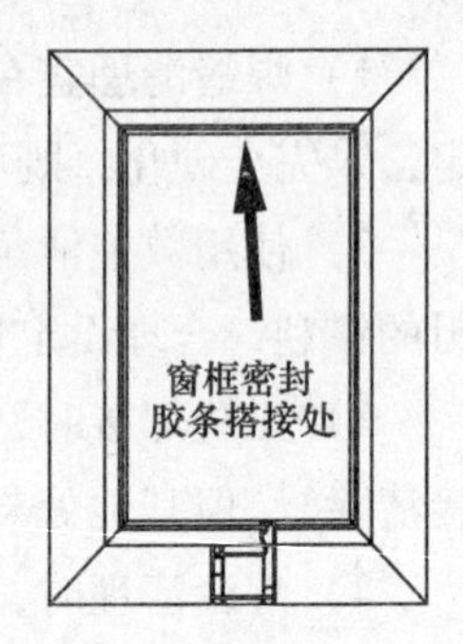

图4-18 密封胶条对接位置

4.10 五金件安装

PVC-U塑料门窗成品由框、扇通过五金件等装配而成。五金件的选择及安装直接关系到门窗的使用功能和寿命。五金件安装后，必须具有能满足门窗扇自重和频繁开启的功能，同时还要考虑安全牢固、美观、耐腐蚀、保证窗扇关闭时的密封性能等。

五金件装配的原则是：要求足够的强度、正确的位置，满足各项功能以及便于更换。五金件应通过螺钉等联接件安装在型材内腔加衬的增强型钢上，以避免因联接件受力拔出而使五金件丧失功能。五金件一般采用 ϕ4mm 的自攻螺钉固定，其安装位置也要严格按标准执行。五金配件安装时，需要与型材的五金件安装槽配合，所以五金件的外形尺寸要受型材槽口的制约。

4.10.1　五金件安装槽

PVC－U 塑料门窗型材安装五金件的功能槽口，因形状像英文字母 U 故称为 U 槽，大多采用欧洲 12/20—9 系列或 12/20—13 系列标准，即五金件活动空间为 12mm，扇型材的搭接边为 20mm，五金件安装后五金件中心线与框型材小面的距离为 9mm 或 13mm，开启扇与窗框的配合间隙为 3mm 或 3.5mm，如图 4－19 所示。

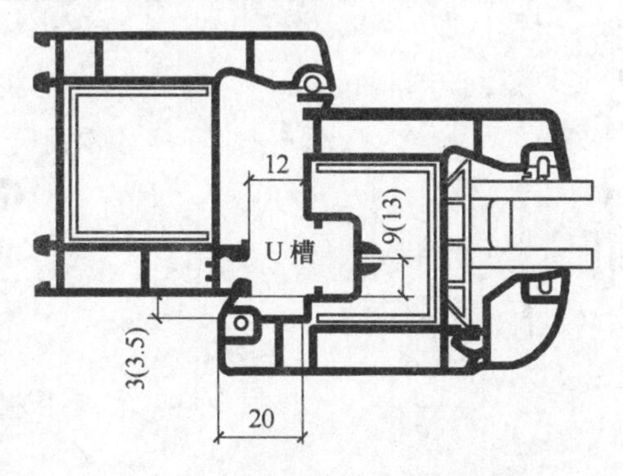

图 4－19　U 槽型材框、扇配合尺寸

对于塑料窗框、窗扇型材五金件安装槽口的尺寸，如图 4－20、图 4－21 所示。各尺寸的含义见第 2 章平开门窗功能结构尺寸。

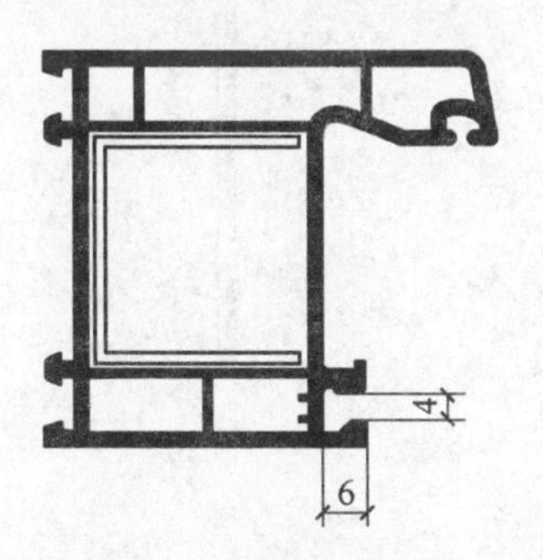

图 4－20　窗框型材槽口尺寸

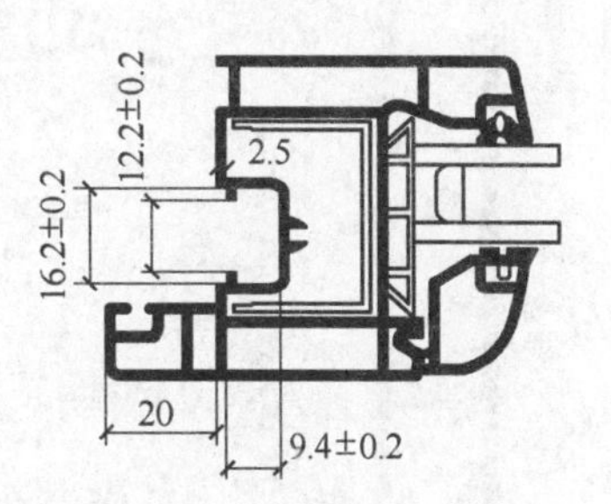

图 4－21　窗扇型材槽口尺寸

4.10.2　PVC－U 塑料门窗五金件

根据门窗的常见型式，五金件系统分为内平开下悬系列、内平开系列、外平开系列、推拉系列、提升推拉系列等。其中内平开下悬系列五金件是近年来发展应用较多的一种，通过操作窗扇的执手手柄，带动五金件传动器的相应移动，使窗扇能向室内平开或向室内倾倒开启一定角度以通风换气，即五金件可实现窗扇的平开、下悬两种开启方式。如图 4－22 所示为国内常用的某品牌多边多锁点内平开下悬窗五金系统，其五金配件表见表 4－10。

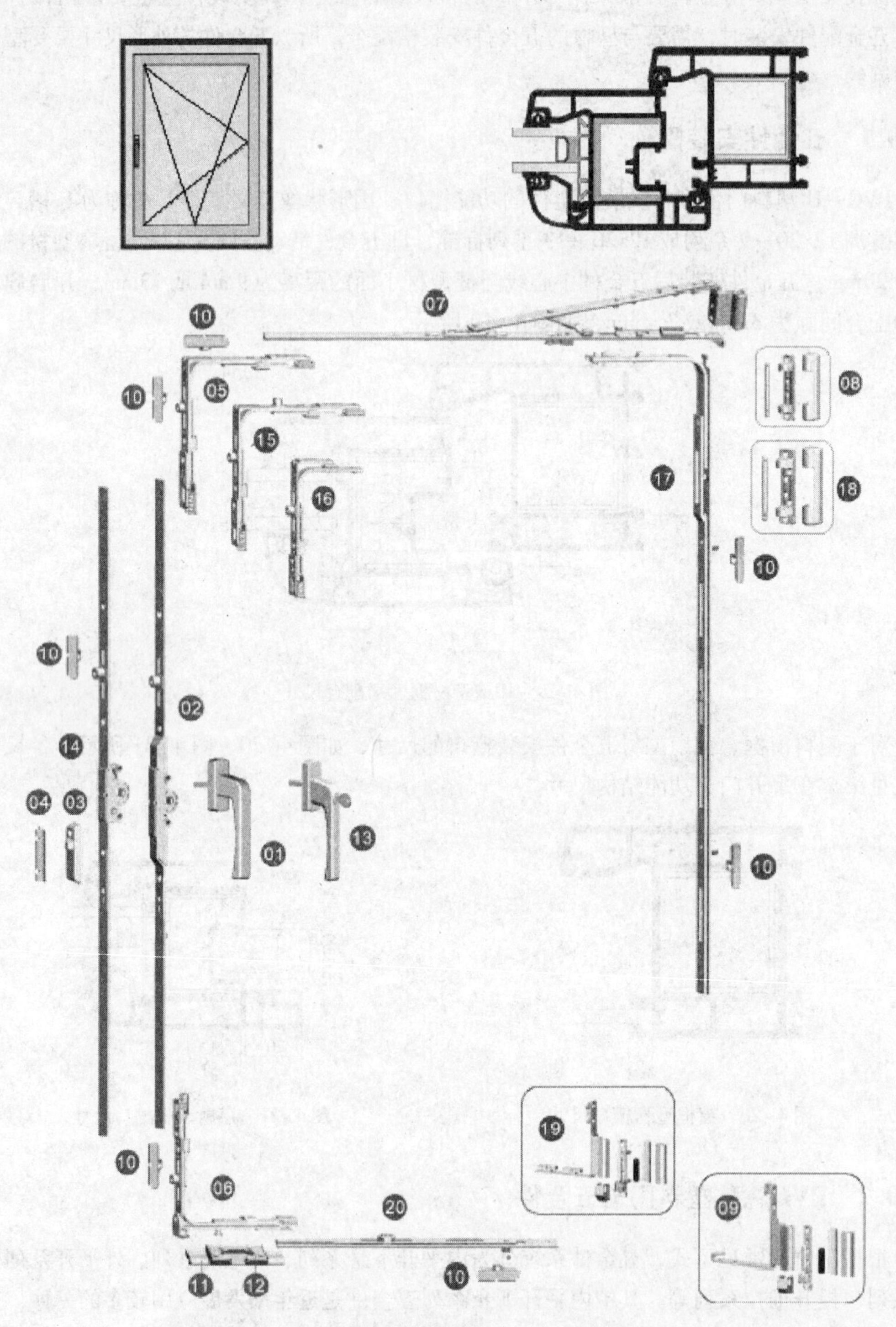

图 4-22 多边多锁点内平开下悬窗五金系统

表 4-10 多边多锁点内平开下悬窗五金配件表

序号	配件名称	数量	备注
1	执手	1	可选配
2	传动锁紧器	1	规格根据窗型选配
3	防误器	1	分左、右
4	防误块	1	
5	转角器	1	
6	转角器	1	
7	拉杆	1	
8	上合页	1	
9	下合页	1	分左、右
10	锁块	3	数量根据锁点配置
11	支撑座	1	
12	支撑盖	1	
13	执手	1	
14	传动器	1	规格根据窗型选配
15	小转角器	1	
16	转角器	1	
17	转角器	1	
18	上合页	1	
19	下合页	1	分左、右
20	边传动杆	1	

注：13~20 为可选择性配件。

1. 执手

执手是带有施加作用的手柄，是对门窗扇起到开启、关闭作用的装置。

执手的选择，应根据门窗型材的类型、型材安装面尺寸及其表面颜色等因素，同时考虑到门窗扇的尺寸，合理选配。

1）根据型材结构确定执手与传动锁紧器的连接形式。插入式执手的方轴或拨叉与传动锁紧器连接，通过扳动执手杆方轴或拨叉带动锁紧器，实现门窗启闭；旋压式执手不连接传动锁紧器，直接通过扳动手柄带动压头运动，实现门窗启闭。

2）从美观角度考虑，执手尺寸应与门窗、框型材尺寸及其表面颜色相匹配。

3）根据门窗的特殊应用场合选用执手。双面执手一般仅适用于门；带锁执手用于有简易锁闭要求场所的门。

执手的使用安装如图 4-23 所示。图 4-23 中尺寸 A 为五金件系统中所选用的传动器中心距尺寸。

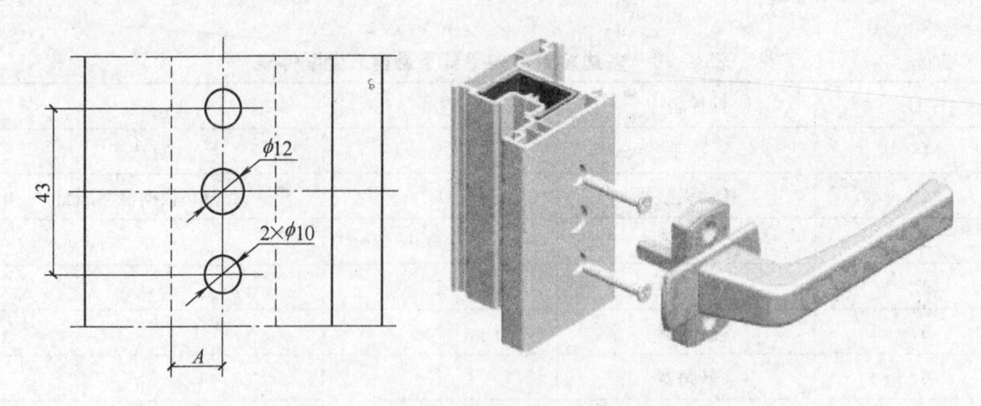

图4-23 执手的使用安装示意图

2. 传动锁紧器

传动锁紧器简称传动器，是通过转动执手而实现对门窗多点锁紧功能的装置。传动器分带锁芯与不带锁芯两种，选用时应与执手配合使用。

传动器的长度和锁点个数应根据门窗型材的尺寸、所处的位置及当地风压值选用，其尺寸应和门窗扇的高度尺寸合理配合。通常情况下，传动器杆长 = 窗扇高度 - 100mm。

传动器应选用防腐、防锈的材料。传动器的传动锁柱严禁锯、磨、截短。

多点启闭锁点数量合理选择，是保障门窗满足气密性、抗风压性能要求的重要因素，应根据所设计的开启扇规格及锁点受力能力来确定。传动锁紧器的启闭锁点数量可按下式来估算：

$$N = F/a = w_k S/a$$

式中 N——锁点个数（个）；

F——开启扇所受集中力（N）；

a——单个锁点所能承受的允许使用剪切力（N），$a = [a]/2.2$，$[a]$ 为单个锁点与锁座应达到的最大剪切破坏力，由五金件设计者给出，且应不小于1800N；

w_k——当地风压标准值（Pa）；

S——开启扇面积（m^2）。

传动器的安装根据其中心距尺寸来设置，图4-24所示为7.5mm中心距传动器的开孔尺寸。

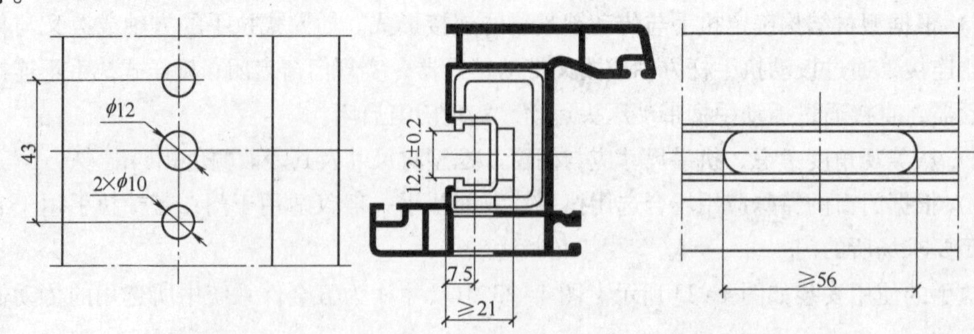

图4-24 传动器安装尺寸

3. 转角器

转角器是门窗扇转角部位的传动杆件，是通过与传动器连接实现多边多锁点的启闭功能的装置，如图4-25所示。

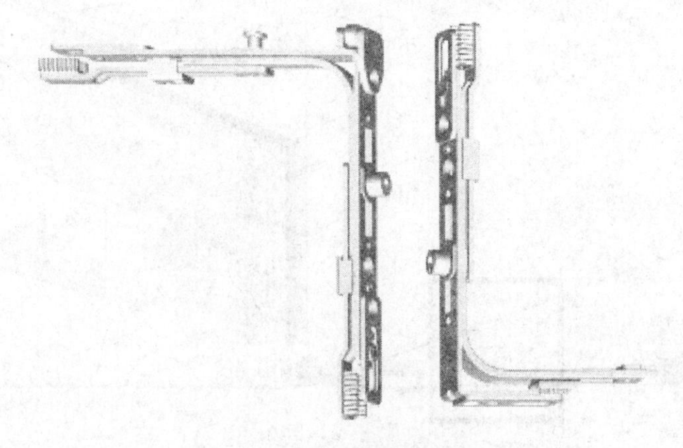

图4-25 转角器

转角器装有可调、防盗偏心锁点，调节量为±12mm，可有效调节门窗锁紧后的气密性、水密性和胶条的压紧度。提升装置可使窗扇启闭更加顺畅，同时能有效地改善窗扇的掉角现象，提高五金件的抗疲劳能力，从而延长合页的使用寿命。

小转角器用于内平开下悬窗的上合页侧，在合页侧布置锁点时使用。

4. 拉杆

拉杆根据门窗类型、门窗扇的宽度来选用。安装拉杆时将拉杆定位块紧靠扇型材槽口，如图4-26所示。

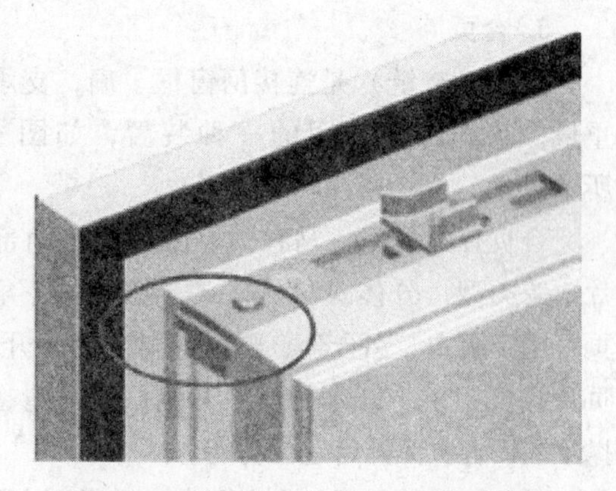

图4-26 拉杆定位块与扇型材槽口位置

通过拉杆上的不锈钢调节螺钉可调整框扇左右搭接量、改善窗扇掉角现象，如图4-27所示。

图4-27 拉杆调整框扇搭接量

拉杆在窗扇下悬状态的防误操作结构设计，可提高窗使用的安全性，如图4-28所示。

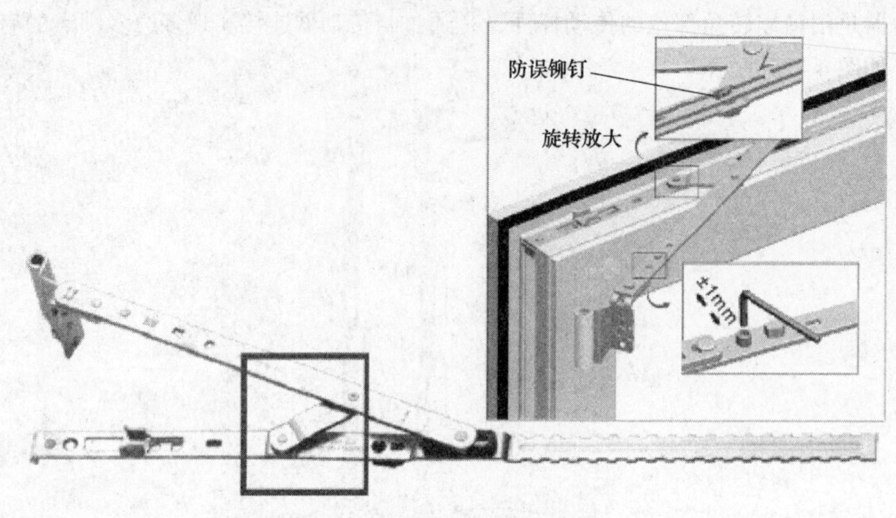

图4-28 拉杆防误操作结构

5. 合页

合页（铰链）是连接门窗框、扇，支承门窗重量，实现门窗启闭的一种装置，如图4-29所示。

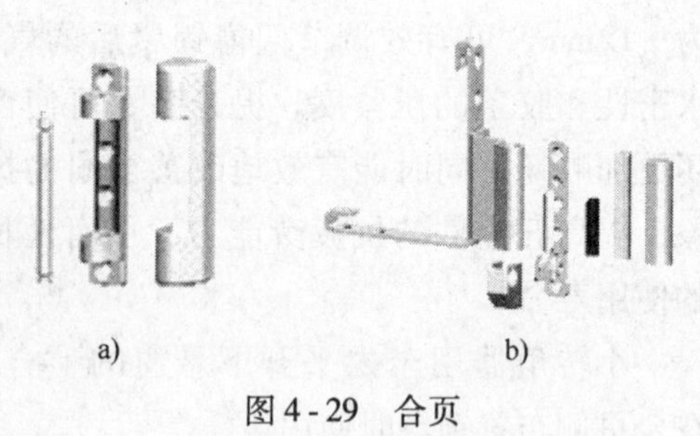

图4-29 合页
a）上合页 b）下合页

合页有分体式、马鞍式、隐藏式、角部及页片式等类型，分体式、马鞍式、隐藏式、角部合页可用于实木、铝合金、塑料等材质的平开门窗，页片式仅用于平开木门、平开钢门。与滑撑、风撑不同，合页无开启定位功能。

通过五金件与型材合理配合，在保证牢固的安装强度的情况下，合页根据门窗扇的重量和宽度来选择。平开窗扇合页通常与撑挡配合使用。

内平开下悬窗的下合页区分左右，可实现三维可调，有利于消化安装误差，如图4-30所示。

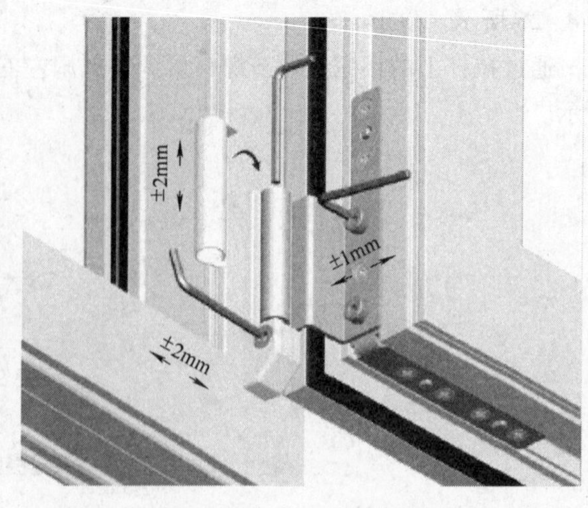

图4-30 三维可调下合页

隐藏式合页在门窗关闭时合页隐形，整体外观效果好。合页隐藏于型材槽口确保框扇密封性完整，节能效果好。隐藏式合页如图4-31所示。合页安装如图4-32所示。

6. 滑撑、撑挡

滑撑是支撑窗扇实现启闭、定位的一种装置。常在平开窗、上悬窗扇上使用，其作用与合页类似，俗称四联杆、五联

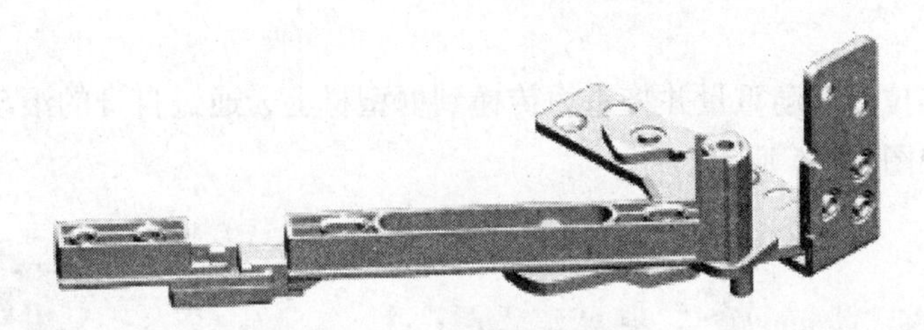

图4-31 隐藏式合页

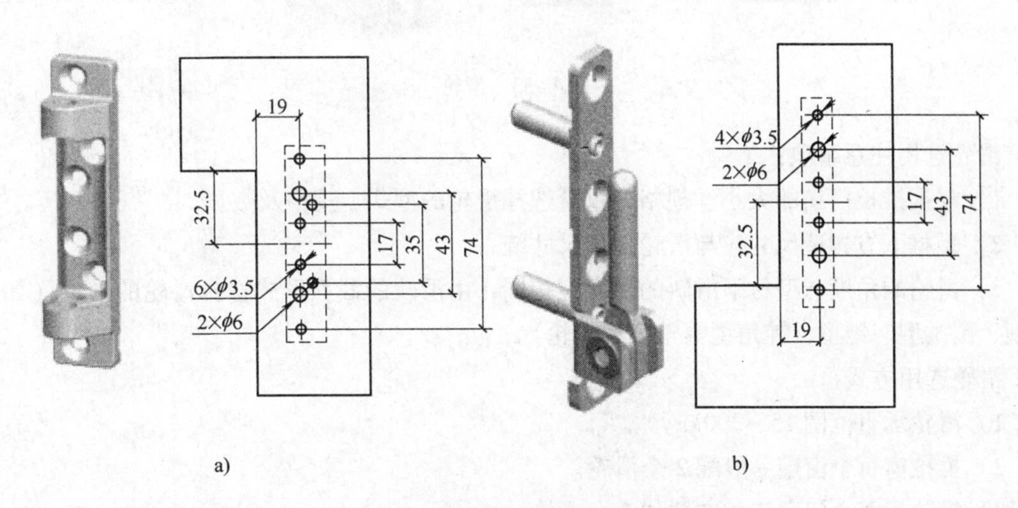

图4-32 合页安装示意图

a）上合页 b）下合页

杆。滑撑是用4根或5根片状杆件连接在一起的联杆，分别固定在窗框、窗扇的五金件槽口中，通过联杆之间的转动、滑动复合运动来实现窗扇的开关，其结构如图4-33所示。

滑撑应在平开窗扇的上、下或上悬窗扇框的左、右对称安装。平开窗、上悬窗在型材满足五金件安装尺寸要求的基础上，根据窗的宽度、窗扇的重量确定。一般滑撑长度应是窗扇宽度的1/3~2/3。上悬窗除使用滑撑外，应与撑挡（风撑）配合使用。

撑挡是控制窗开启角度的装置，适用于平开窗、上悬窗。撑挡不承担窗扇的自重和风荷载，选用时应与合页或滑撑配合使用，并成对安装，其结构如图4-34所示。

平开门窗用五金件还包括锁块、门锁芯等，不再一一介绍。

图4-33 滑撑

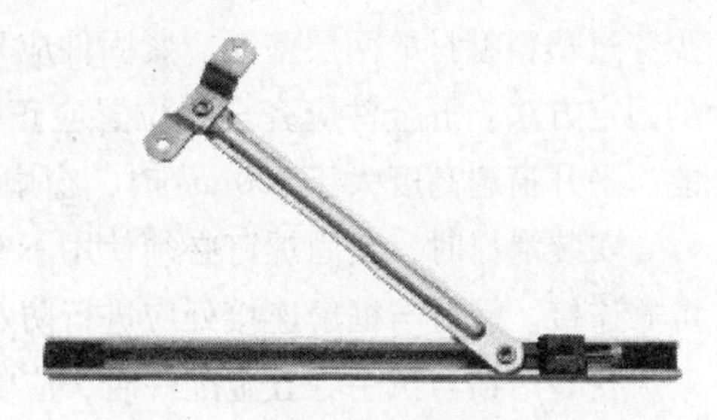

图4-34 撑挡

7. 滑轮

滑轮是支承推拉门窗扇重量并将重力传递到框型材上，通过自身的滚动使门窗扇在轨道上移动的装置，如图4-35所示。

图4-35 滑轮

滑轮选用注意事项：

1）根据推拉门窗的大小、规格、重量选择滑轮的型式、规格及数量。

2）型材下方构造尺寸应与滑轮外形尺寸统一。

3）滑轮的角度与型材下滑轨的角度应相同，由滑轨的截面形式选择滑轮的形式（如圆弧型、圆拱型、锥型、钝角型等角度型滑轮）。

滑轮选用方式：

1）滑轮承重范围15~300kg。

2）推拉窗每个窗扇一般配2个滑轮。

3）推拉门每个门扇应相应增加1个滑轮。

4）滑轮的轮架外形设计会影响到滑轮的使用寿命，建议使用玻璃的重量通过玻璃垫片及支撑型材壁传递给滑轮架再通过轮轴传递给滑轮的方式的滑轮。

5）当门窗扇较大时，应相应增加角轮附件。角轮安装在扇框上边两端型材槽内，可以防止从室外将扇框从门窗框中取出，也可以防止扇框在推拉移动时门窗扇倾斜等。

推拉门窗五金件还包括自动锁、月牙锁及锁钩、防撞块、挡风块等。

4.10.3 五金件安装要求

PVC-U塑料门窗五金件安装应符合现行行业标准《塑料门窗工程技术规程》（JGJ 103—2008）的有关规定。

安装窗五金配件时，应将螺钉固定在内衬增强型钢或内衬局部加强钢板上，或使螺钉至少穿过塑料型材的两层壁厚。紧固件应采用自钻自攻螺钉一次钻入固定，不得采用预先打孔的固定方法。五金件应齐全，位置应正确，安装应牢固，使用应灵活，达到各自的使用功能。平开窗扇高度大于900mm时，窗扇锁紧点不应少于2个。

安装滑撑时，紧固螺钉必须使用不锈钢材质，并应与框扇增强型钢或内衬局部加强钢板可靠连接。螺钉与框扇连接处应进行防水密封处理。

安装门锁与执手等五金配件时，应将螺钉固定在内衬增强型钢或内衬局部加强钢板上。五金件应齐全，位置应正确，安装应牢固，使用应灵活，达到各自的使用功能。

4.11　PVC－U 塑料门窗玻璃装配

目前，有的塑料门窗装配厂产品出厂时不装玻璃，施工单位与用户负责装玻璃，而在美国、日本等国，塑料门窗都是在装配厂内装好玻璃后再出厂。塑料门窗不装玻璃出厂的优点是：门窗较轻，储存、保管、运输、安装中比较方便。缺点是：窗框在保管、运输、安装过程中容易产生变形；窗框装入洞口以后再装玻璃，比较麻烦，装配质量差；建筑施工周期延长；在施工现场安装玻璃精度比在工厂内差。现在国内大多采用门窗框上墙后，现场安装玻璃的方式。

4.11.1　玻璃装配尺寸要求

PVC－U 塑料门窗是用 PVC 玻璃压条将玻璃夹持在门窗框、扇型材上。玻璃的外形尺寸必须略小于框、扇的里口尺寸，使玻璃可以顺利地放入框、扇型材的玻璃安装槽中。

玻璃的装配应符合现行行业标准《建筑玻璃应用技术规程》（JGJ 113—2009）的规定。单片玻璃、夹层玻璃和真空玻璃的最小装配尺寸应符合表 4－11 的规定，中空玻璃的最小安装尺寸应符合表 4－12 的规定。玻璃安装尺寸如图 4－36 所示。

表 4－11　单片玻璃、夹层玻璃和真空玻璃的最小装配尺寸　（单位：mm）

玻璃公称厚度	前部余隙和后部余隙 *a*		嵌入深度 *b*	边缘余隙 *c*
	密封胶	胶条		
3～6	3.0	3.0	8.0	4.0
8～10	5.0	3.5	10.0	5.0
12～19		4.0	12.0	8.0

表 4－12　中空玻璃的最小安装尺寸　（单位：mm）

玻璃公称厚度	前部余隙和后部余隙 *a*		嵌入深度 *b*	边缘余隙 *c*
	密封胶	胶条		
4＋*A*＋4	5.0	3.5	15.0	5.0
5＋*A*＋5				
6＋*A*＋6				
8＋*A*＋8	7.0	5.0	17.0	7.0
10＋*A*＋10				
12＋*A*＋12				

注：*A* 为气体层的厚度，其数值可取 6mm、9mm、12mm、15mm、16mm。

如图4-36所示，玻璃安装凹槽宽度应等于前部余隙、玻璃公称厚度和后部余隙之和；玻璃安装凹槽深度应等于边缘间隙和嵌入深度之和。

4.11.2 玻璃安装材料使用

1）玻璃安装材料应与接触材料相容，安装材料的选用应通过相容性试验确定。玻璃垫块应选用邵氏硬度为70～90（A）的硬橡胶或塑料，不得使用硫化再生橡胶、木片或其他吸水性材料。

2）支承块的尺寸应符合下列规定：

① 每块最小长度不得小于50mm。

② 宽度应等于玻璃公称厚度加上前部余隙和后部余隙。

③ 厚度应等于边缘间隙。

3）定位块的尺寸应符合下列规定：

① 长度不应小于25mm。

② 宽度应等于玻璃厚度加上前部余隙和后部余隙。

③ 厚度应等于边缘间隙。

4）支承块和定位块的安装位置如图4-37所示，并应符合下列规定：

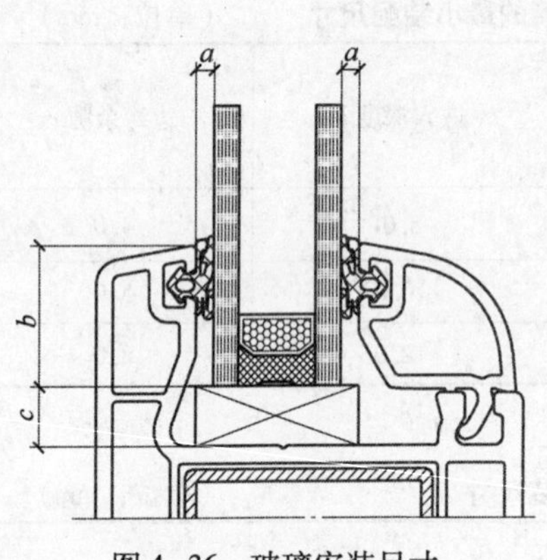

图4-36 玻璃安装尺寸

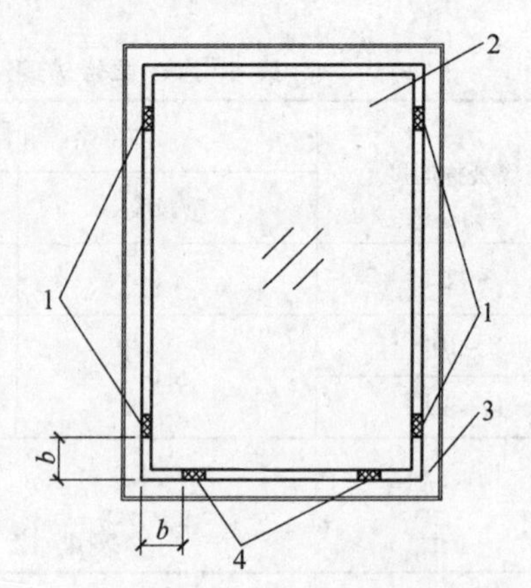

图4-37 支承块和定位块的安装位置
1—定位块 2—玻璃
3—框架 4—支承块

① 采用固定安装方式时，支承块和定位块的安装位置应距离槽角1/10～1/4边长位置之间。

② 采用可开启安装方式时，支承块和定位块的安装位置距槽角不应小于30mm。当安装在窗框架上的铰链位于槽角部30mm和距槽角1/4边长点之间时，支承块和定位块的安装位置应与铰链安装位置一致。

③ 支承块、定位块不得堵塞气压平衡孔和排水孔。

5）胶条材料用于塑料门窗时，应确定其适用性和相容性；胶条用于玻璃两侧与槽口内壁之间时，应使用支承块和定位块。

根据现行行业标准《塑料门窗工程技术规程》（JGJ 103—2008）的规定，安装好的玻璃不得直接接触型材，应在玻璃四边垫上不同作用的垫块。不同窗型，玻璃垫块的加装数量和位置也不同，如图4-38所示。推拉窗下部的玻璃垫块应放到滑轮的上方，平开窗宜使玻璃垫块对角垫加并正确调整，将发生的力最终分散在框架、铰链等组件上，确保开关灵活、位置正确、扇不下垂。竖框（扇）上的玻璃垫块应采用胶固定。

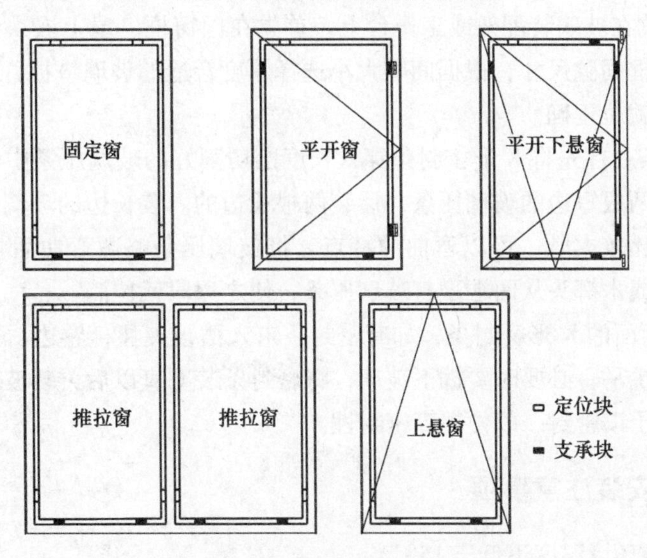

图4-38 不同窗型玻璃垫块安装位置

4.11.3 玻璃安装要求

1）玻璃应平整，安装牢固，不得有松动现象，内外表面均应洁净，玻璃层数、品种及规格应符合设计要求。单片镀膜玻璃层及磨砂玻璃的磨砂层应朝向室内。

2）镀膜中空玻璃的镀膜层应朝向中空气体层。

3）当安装玻璃密封条时，密封条应比压条略长，密封条与玻璃及玻璃槽口的接触应平整，不得卷边、脱槽，密封条断口接缝应粘接。

4）玻璃装入框、扇后，应用玻璃压条将其固定，玻璃压条必须与玻璃全部贴紧，压条与型材的接缝处应无明显缝隙，压条角部对接缝隙应小于1mm，不得在一边使用2根（含2根）以上压条，且压条应在室内侧。

4.11.4 玻璃的切割

1）切割玻璃前应检查玻璃是否有划痕、气泡，若合格则根据订单尺寸切割。

2）无论是手工切割还是机器切割，切割时都存在外力冲击过程，因此要保证环境温度在15℃以上。

3）切割后的玻璃应保证边缘整齐，无锯齿状，无缺口。为防止应力破裂，要做磨边处理，磨边倒角尺寸不小于0.5mm×45°，防止玻璃在制作、运输、使用过程中破裂。

4.11.5 玻璃装配程序

1）准备好玻璃、玻璃压条、玻璃垫块（$\delta = 1$mm、2mm、3mm、4mm）。如装单层玻璃和普通双层玻璃，可采购原片玻璃自行切割；如装中空玻璃而又无设备和条件自行制作，则必须算好尺寸到中空玻璃专业生产厂订货。

2）将门窗框放在玻璃装配架或工作台上，首先在门窗框、扇上嵌入弹性密封条；然后检查玻璃各边与窗框间隙尺寸，根据间隙大小选择厚度合适的玻璃垫板，用撬板将玻璃垫板放进间隙中使玻璃就位正确。

3）装玻璃压条。首先将K形密封条穿入长度已切割好的玻璃压条中，两端剪齐后可装玻璃压条，应先装两根短边的玻璃压条，后装两根长边的。装长边的玻璃压条时，可利用玻璃压条断面不大，比较柔软，可以弯曲的特点，将玻璃压条略微弯曲后将两端插入窗角就位，然后用橡皮锤或木榔头从两端敲打玻璃压条，使之逐段就位。

4）检查玻璃两面的K形密封条，如有密封条未入槽被夹住、卷边、接头开口、重叠等现象，应用薄铲刀挑平。必要时要拆下玻璃，将密封条装平直以后再装玻璃，再用硅酮胶将四角接头处的剪口予以密封，以便提高密封性。

4.11.6 玻璃的安装注意事项

1）玻璃的安装环境温度不低于15℃。

2）装配玻璃时，不得让玻璃与型材直接接触，在安装玻璃镶嵌槽内适当位置加装玻璃垫块、玻璃垫板。

3）安装玻璃压条时，要先安装短边压条，后安装长边压条，并用橡皮锤敲打玻璃压条，严禁用木质、硬塑料、金属等硬质锤。压条装配后应牢固，转角部位对接处的间隙不大于1mm，任何一边都必须使用整根压条，不得断开。

4）安装玻璃压条时，要有定位装置，避免敲击一侧处于悬空状态，可制作一个可调节的具有一定刚度的定位框，把需安装压条的框、扇放到定位框内，再进行压条的敲击。

5）在敲击玻璃压条时，应先将角部敲上，再敲中间，用力适当，用力方向与所装压条的型材相垂直，不得向角部斜敲。

4.12 PVC－U 塑料门窗纱扇

门窗上装配纱扇和纱门是为了防止蚊蝇进入室内而又不妨碍通风，因此纱门、纱扇没有抗风压强度等性能要求，只需保证在长期使用中不发生扭曲、下垂、开裂、损坏、变形等问题。

4.12.1 平开窗的纱窗

1. 平开窗纱扇型材

平开纱窗的型材如图4-39表示。

纱扇的外形尺寸略大，因此它能装配执手、窗撑等配件，不会妨碍纱扇开关。制作大尺寸纱扇时，其内腔中可装 25mm×16mm×1.2mm 的槽形钢衬，以防纱扇弯曲变形。

焊接平开纱扇要在焊机上配装专用的焊机模板，以保证焊接型材不发生错位。

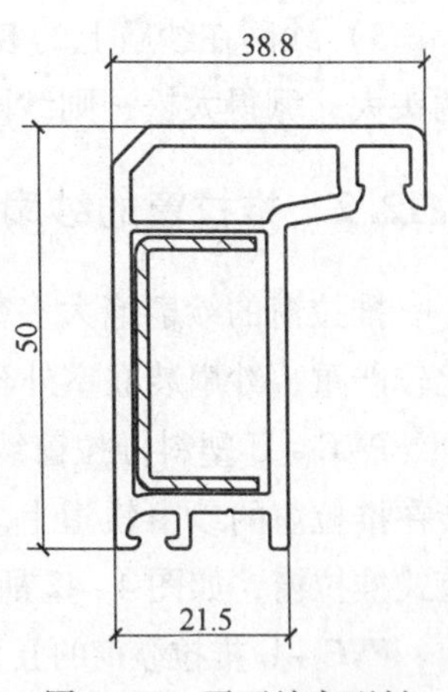

图 4-39　平开纱扇型材

2. 平开纱扇五金配件

平开纱扇的五金配件主要有纱扇轴和轴座、拉手和卡头，此外还有纱网和纱网压条。纱网宜选用网眼较小的塑料纱网，不宜用金属丝网。

纱扇轴、轴座、拉手、卡头（或磁碰）均可在门窗配件厂选择。

纱扇轴座轴孔中心高度因纱扇外形高度不同而适用于不同的纱扇型材，要保证纱扇在打开时不会因碰到洞口墙壁而妨碍开启。

常用平开纱窗构造如图 4-40 所示。

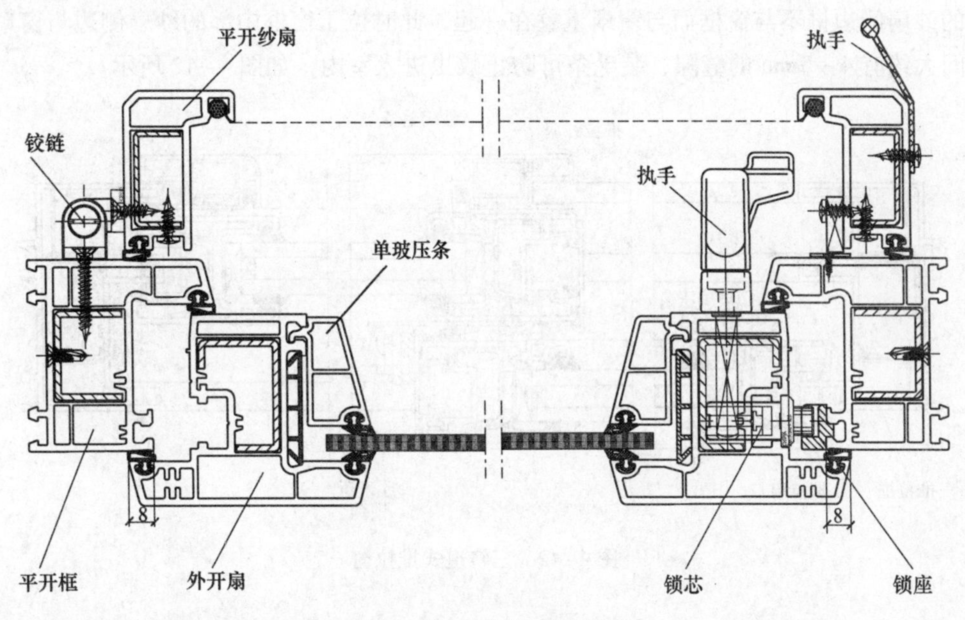

图 4-40　平开纱窗构造

3. 平开纱扇装配注意事项

1）平开纱扇的外形尺寸应大小适宜，过大会妨碍纱扇轴座和纱扇锁板的装配，过小会导致窗扇执手和窗撑没有足够的容纳空间，因此必须仔细计算。

2）平开纱窗焊接后，应先装好纱扇上的五金配件，再根据纱扇轴位置在窗框上装配纱扇轴座，然后装窗纱。纱扇锁板可暂时夹在纱扇锁夹上而不必装在窗框上。最后拆下纱扇轴座与纱扇分别包装，在窗户安装到建筑物上以后，再将纱扇轴座装在窗框上，并用纱扇锁夹将纱扇锁板装配在窗框上。

3）纱网在纱扇上的装配应松紧适当。若绷得太紧，易将纱扇边框拉弯变形，中间小、两头大；绷得太松，则纱网不平，易起皱。

4.12.2 推拉窗的纱扇

推拉窗的纱扇绝大多数装在室内一侧。由于我国大气污染情况比较严重，纱扇装在室外容易积垢，而且清洗、维护困难。

PVC－U 塑料推拉窗纱扇型材如图 4-41 所示，推拉纱扇型材安装在推拉窗的纱窗轨道上。国内不少型材厂可设计、生产多种三轨道式推拉窗，如图 4-42 所示。

PVC－U 推拉纱窗的五金配件主要有纱扇滑轮和角轮。由于推拉纱扇较轻，纱窗框尺寸较小，故可以使用双轮小滑轮。正因为推拉纱扇较轻，在开关过程中，用力稍有不当，纱扇便容易倾斜，有时纱扇甚至会卡在轨道上推拉不动，必要时可在纱扇上边框两角各装一个角轮。

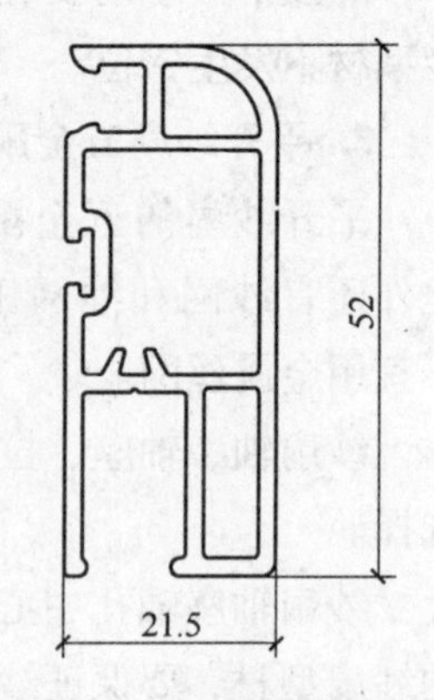

图 4-41　推拉窗纱扇型材

当推拉窗扇打开时，纱扇的侧边框上应装毛条。因为位于窗框中间的纱扇侧边框不与窗框而与窗扇重叠在一起，此时位于窗框中部的纱扇侧边与窗扇侧边框之间大约有 4～5mm 的缝隙，装毛条可防止蚊虫进入室内，如图 4-42 所示。

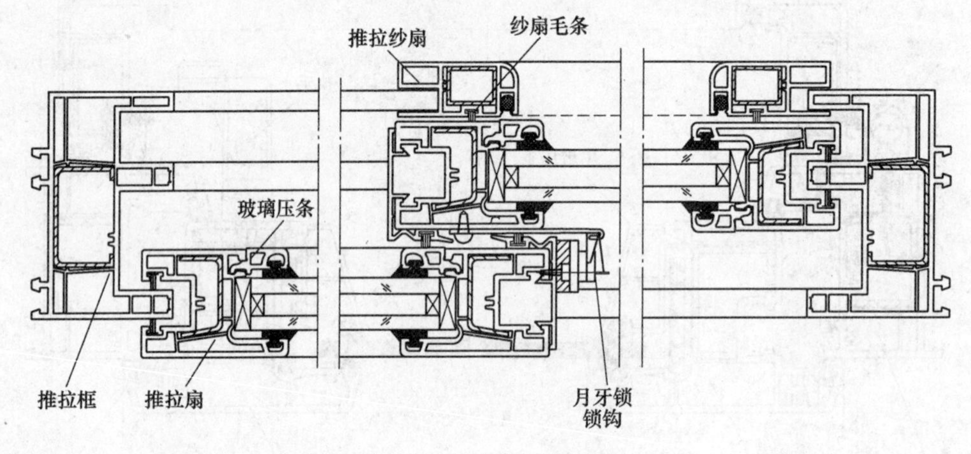

图 4-42　三轨道式推拉窗

4.12.3 隐形纱扇

纱扇的主要目的是为防止夏天蚊蝇进入室内而又能正常通风，其他季节纱扇处于闲置状态。一般的纱扇常年暴露在空气中，通常在使用前必须经过清洗去除上面的尘土等杂物，而隐形纱扇克服了常年暴露的问题，在不使用时可以收起。

隐形纱扇主要有自动回卷式和百叶折叠式两种。自动回卷式适合平开窗，也可装在推拉窗上，窗纱可实现自动回卷，开启方式有手动、电动、链珠，垂直、水平开启均可。百叶折叠式，不用时可将窗纱折叠到纱盒里，多为手动开启，垂直、水平开启均可，适合大窗型和纱门，可任意定位，维修率较低。

4.13 PVC－U 塑料门窗生产工艺文件

塑料门窗制造行业中大多数企业属于封闭式的加工路线，即在一个车间内的一条或数条生产线上就可以完成从型材到门窗成品的全部加工过程，因此，在门窗制造业中，指导生产和控制产品质量的工艺文件主要是生产工艺流程及生产工序卡。

1. 塑料门窗生产工艺流程

PVC－U 塑料门窗生产工艺流程见第4章4.2节。

2. 塑料门窗生产工序卡

工序卡也叫生产操作卡，是用来指导工人进行生产劳动的技术文件。它的内容更为详细，需要把工序划分为工步，规定出操作方法和操作中应注意的事项，规定出工艺装备、辅助工具、加工范围、精度等级、测量方法、测量器具，以及工时、材料消耗定额等，并附有加工简图。对于成批生产的关键零件和大批量生产的全部零件，都要编制工序卡。

工序卡的幅面一般采用 A4 图样幅面，格式见表4-13。不同单位自行设计编制工序卡的格式略有不同，但其内容必须齐全。

表4-13　工序卡格式

<table>
<tr><td colspan="4">主要工艺工序卡</td><td>设备
名称</td><td></td><td>设备
编号</td><td></td><td>工序
名称</td><td></td></tr>
<tr><td>产品
名称</td><td></td><td>产品
型号</td><td></td><td>设备
型号</td><td></td><td>工装
编号</td><td></td><td>工序
编号</td><td></td></tr>
<tr><td colspan="6" rowspan="7">工序简图：</td><td>工序标准</td><td colspan="3"></td></tr>
<tr><td>操作要求</td><td colspan="3"></td></tr>
<tr><td>工艺装备</td><td colspan="3"></td></tr>
<tr><td>检测</td><td colspan="3"></td></tr>
<tr><td>设计</td><td></td><td>共　页</td><td>第　页</td></tr>
<tr><td>校对</td><td></td><td colspan="2" rowspan="2">×××塑料门窗厂
塑料门窗生产工序卡</td></tr>
<tr><td>审核</td><td></td></tr>
</table>

4.14 PVC－U 塑料门窗质量检验

4.14.1 型材、附配件的检查

依据现行国家标准《门、窗用未增塑聚氯乙烯（PVC－U）型材》（GB/T 8814—2004）对型材的外观、颜色和光度、剖面的尺寸精度、形位公差、物理机械性能等进行检查。对于外购的塑料门窗的附配件，包括增强型钢、密封条、紧固件、五金配件、玻璃等，进厂都要依据相应的标准进行检查验收，确保门窗所用材料都符合要求。

4.14.2 各工序的检查

塑料门窗在装配生产过程中的质量检查包括各工序检查和成品检查两部分。各工序的检查主要是关键工序的控制，如下料工序、焊接工序、五金件装配工序、玻璃装配工序的控制。关键工序的质量直接影响到成品门窗的各项性能，要对其进行首件检查和按比例抽检。下料工序的尺寸和角度，V形口的位置、尺寸、角度，焊接工序的焊接参数、焊角强度、焊后尺寸，五金件装配工序的五金件的数量、位置、性能，玻璃装配工序的玻璃垫块的加装、压条的间隙等，都要进行仔细地检查。

4.14.3 门窗的成品检验

门窗装配后要进行成品出厂前检查，按现行行业标准《未增塑聚氯乙烯（PVC－U）塑料窗》（JG/T 140—2005）、《未增塑聚氯乙烯（PVC－U）塑料门》（JG/T 180—2005）的规定，抽样方法应按每一批次、品种、规格分别随机抽取5%且不得少于三樘。

试验前，试件在18～28℃条件下存放16h以上，并在该条件下进行检测。

1. PVC－U塑料门出厂检验

PVC－U塑料门出厂检验项目及技术要求见表4-14。

表4-14 PVC－U塑料门出厂检验项目及技术要求

项目名称	技术要求	检验方法
焊接角破坏力	平开门：门框≥3000N，门扇≥6000N； 推拉门：门框≥3000N，门扇≥4000N	GB/T 8814—2004
型材壁厚	平开门：主型材可视面最小实测壁厚≥2.8mm； 推拉门：主型材可视面最小实测壁厚≥2.5mm	游标卡尺
外观质量	门构件可视面应平滑，颜色基本均匀一致，无裂纹、气泡，无影响外观的擦、划伤等缺陷	目测
增强型材	主型材构件>450mm时内腔应加增强型钢，增强型钢壁厚≥2.0mm，镀锌防腐处理增强型钢与型材内腔配合间隙≤1mm	游标卡尺、卷尺、塞尺
紧固件	固定每根增强型钢的紧固件不少于3个，其间距不大于300mm，距型材端头内角距离不大于100mm	卷尺
排水通道	外门门框、门扇应有排水通道，排水通道不得与放置增强型钢的腔室连通	目测
中梃联接处的密封	装配式结构的中梃联接部位应加衬联接件，联接处的四周缝隙应有可靠的密封措施	目测
门外形尺寸	高度和宽度尺寸≤2000mm时，偏差值±2.0mm；>2000mm时，偏差值±3.0mm	卷尺
对角线尺寸	框、扇对角线之差≤3mm	卷尺

（续）

项目名称	技术要求	检验方法
门框、门扇相邻构件装配间隙	框、扇相邻构件装配间隙≤0.5mm	塞尺
相邻构件同一平面度	相邻两构件焊接处同一平面度≤0.6mm。	游标卡尺
门框、门扇配合间隙	门关闭时，门框、门扇四周配合间隙允许偏差±1.0mm	游标卡尺
门框、门扇搭接量	平开门：门扇与门框搭接量允许偏差±2.0mm；推拉门：门扇与门框搭接量允许偏差±2.0mm，上下搭接量≥8mm	游标卡尺
五金配件装配	安装位置正确，数量齐全；门扇闭锁点≥2个； 五金配件承载能力与门扇重量相匹配	目测
密封条、毛条装配	密封条、毛条装配后应均匀、牢固、接口严密，无脱槽、收缩、虚压等现象	目测
压条装配	压条装配后应牢固，压条角部对接处间隙≤1mm	塞尺
玻璃装配	玻璃装配应符合JGJ 113—2009的规定	游标卡尺、钢板尺
锁紧器（执手）的开关力	平开门≤100N（力矩不大于10N·m）	测力弹簧秤
开关力	平开门≤80N，推拉门≤100N	测力弹簧秤

2. PVC－U塑料窗出厂检验

PVC－U塑料窗出厂检验项目及技术要求见表4-15。

表4-15 PVC－U塑料窗出厂检验项目及技术要求

项目名称	技术要求	检验方法
焊接角破坏力	平开窗：窗框≥2000N，窗扇≥2500N； 推拉窗：窗框≥2500N，窗扇≥1400N	GB/T 8814—2004
型材壁厚	平开窗：主型材可视面最小实测壁厚≥2.5mm； 推拉窗：主型材可视面最小实测壁厚≥2.2mm	游标卡尺
外观质量	窗构件可视面应平滑，颜色基本均匀一致，无裂纹、气泡，无影响外观的擦、划伤等缺陷	目测
增强型材	主型材构件>450mm时内腔应加增强型钢，增强型钢壁厚≥1.5mm，镀锌防腐处理增强型钢与型材内腔配合间隙≤1mm	游标卡尺、卷尺、塞尺

（续）

项目名称	技术要求	检验方法
紧固件	固定每根增强型钢的紧固件不少于3个，其间距不大于300mm，距型材端头内角距离不大于100mm	卷尺
排水通道	外窗窗框、窗扇应有排水通道，排水通道不得与放置增强型钢的腔室连通	目测
中梃联接处的密封	装配式结构的中梃联接部位应加衬联接件，联接处的四周缝隙应有可靠的密封措施	目测
窗外形尺寸	高度和宽度尺寸≤1500mm时，偏差值±2.0mm；>1500mm时，偏差值±3.0mm	卷尺
对角线尺寸	框、扇对角线之差≤3mm	卷尺
窗框、窗扇相邻构件装配间隙	框、扇相邻构件装配间隙≤0.5mm	塞尺
相邻构件同一平面度	相邻两构件焊接处同一平面度≤0.6mm	游标卡尺
窗框、窗扇配合间隙	窗关闭时，窗框、窗扇四周配合间隙 c 允许偏差±1.0mm	游标卡尺
窗框、窗扇搭接量	平开窗：窗扇与窗框搭接量 b 允许偏差±2.0mm；推拉窗：窗扇与窗框搭接量 b 允许偏差±2.0mm，上下搭接量≥6mm	游标卡尺
五金配件装配	安装位置正确，数量齐全；平开窗窗扇高度>900mm时窗扇闭锁点≥2个；摩擦铰链的联接螺钉与框扇增强型钢可靠联接	目测
密封条、毛条装配	密封条、毛条装配后应均匀、牢固、接口严密，无脱槽、收缩、虚压等现象	目测
压条装配	压条装配后应牢固，压条角部对接处间隙≤1mm	塞尺
玻璃装配	玻璃装配应符合JGJ 113—2009的规定	游标卡尺、钢板尺
锁紧器（执手）的开关力	平开窗≤80N（力矩不大于10N·m）	测力弹簧秤
开关力	平开窗：平合页≤80N；摩擦铰链≥30N且≤80N。 推拉窗：≤100N，上下推拉窗≤135N	测力弹簧秤

3. 门窗出厂检验判定规则

产品出厂检验按规定的出厂检验项目进行检验。当其中某项不合格时，应加倍抽样。对不合格的项目进行复检，如该项仍不合格，则判定该产品为不合格。若全部检测项目均符合出厂检验要求，则判定该产品为合格。

4.14.4 门窗的型式检验

按现行行业标准《未增塑聚氯乙烯（PVC－U）塑料窗》（JG/T 140—2005）、《未增塑聚氯乙烯（PVC－U）塑料门》（JG/T 180—2005）的规定，塑料门窗产品检验分型式检验和出厂检验，应在型式检验合格后的有效期内进行出厂检验。有下列情况之一时应进行型式检验：

1）新产品或老产品转厂生产的试制定型鉴定。

2）正式生产后，当结构、材料、工艺有较大改变而可能影响产品性能时。

3）正常生产时，每三年检测一次。

4）产品长期停产后，恢复生产时。

5）出厂检验结果与上次型式检验有较大差异时。

6）国家质量监督机构提出进行型式检验要求时。

门窗型式检验按现行行业标准《未增塑聚氯乙烯（PVC－U）塑料窗》（JG/T 140—2005）、《未增塑聚氯乙烯（PVC－U）塑料门》（JG/T 180—2005）的规定，抽样方法为每三年从出厂检验合格的产品中随机抽取三樘。

1. PVC－U 塑料门型式检验

PVC－U 塑料门的型式检验项目和要求见表 4-16。

表 4-16 PVC－U 塑料门型式检验项目和要求

项目	型式检验						
	平开门	平开下悬门	推拉下悬门	折叠门	推拉门	提升推拉门	地弹簧门
气密性能	√	√	√	√	√	√	—
水密性能	√	√	√	√	√	√	—
抗风压性能	√	√	√	√	√	√	—
保温性能	√	√	√	√	√	√	—
遮阳性能	△	△	△	△	△	△	—
隔声性能	△	△	△	△	△	△	—
锁紧器（执手）的开关力	√	√	√	√	√	√	—
门的开关力	√	√	√	√	√	√	√
悬端吊重	√	√	—	—	—	—	—
翘曲	√	√	√	√	—	—	—
弯曲	—	—	—	—	√	√	—
扭曲	—	—	—	—	√	√	—
大力关闭	√	√	—	—	—	—	—

（续）

项目	型式检验						
	平开门	平开下悬门	推拉下悬门	折叠门	推拉门	提升推拉门	地弹簧门
开关疲劳	√	√	√	√	√	√	—
垂直荷载	√	√	—	—	—	—	√
软、重物体撞击	√	√	√	√	√	√	√
焊接角破坏力*	√	√	√	√	√	√	√
型材壁厚*	√	√	√	√	√	√	√
外观质量	√	√	√	√	√	√	√
增强型钢*	√	√	√	√	√	√	√
紧固件	√	√	√	√	√	√	√
排水通道	√	√	√	√	√	√	√
气压平衡孔	√	√	√	√	√	√	√
通气孔	√	√	√	√	√	√	√
装配式结构中梃联接处的密封	√	√	√	√	√	√	√
装配式结构框、扇、梃相邻构件装配间隙	√	√	√	√	√	√	√
门框、门扇外形尺寸	√	√	√	√	√	√	√
对角线尺寸之差	√	√	√	√	√	√	√
相邻构件同一平面高低差	√	√	√	√	√	√	√
门框、门扇配合间隙	√	√	√	√	—	—	√
门扇与地面配合间隙	—	—	—	—	—	—	√
门框、门扇搭接量	—	—	—	—	√	—	—
五金件装配	√	√	√	√	√	√	√
密封条、毛条装配	√	√	√	√	√	√	√
压条装配	√	√	√	√	√	√	√
玻璃装配	√	√	√	√	√	√	√

注：1. 表中符号“√”表示需检测的项目，符号“—”表示不需检测的项目，符号“△”表示用户提出要求时的检测项目。

2. 内门不检测气密、水密、抗风压、保温性能、遮阳性能。

3. 带＊的项目检测为生产过程检测。

2. PVC－U 塑料窗型式检验

PVC－U 塑料窗的型式检验项目和要求见表 4-17。

表 4-17　PVC－U 塑料窗型式检验项目和要求

项目	型式检验			
	固定窗	平开窗	推拉窗	悬转窗
气密性能	√	√	√	√
水密性能	√	√	√	√
抗风压性能	√	√	√	√
保温性能	√	√	√	√
遮阳性能	△	△	△	△
隔声性能	△	△	△	△
采光性能	△	△	△	△
锁紧器（执手）的开关力	—	√	√	√
窗的开关力	—	√	√	√
悬端吊重	—	√	—	—
翘曲	—	√	—	√
弯曲	—	—	√	—
扭曲	—	—	√	—
撑挡	—	√	—	√
大力关闭	—	√	—	√
开关疲劳（上下推拉窗除外）	—	√	√	√
焊接角破坏力*	√	√	√	√
型材壁厚*	√	√	√	√
外观质量	√	√	√	√
增强型钢*	√	√	√	√
紧固件	√	√	√	√
排水通道	—	√	√	√
气压平衡孔	√	√	√	√
通气孔	√	√	√	√
装配式结构中梃联接处的密封	√	√	√	√

（续）

项目	型式检验			
	固定窗	平开窗	推拉窗	悬转窗
装配式结构框、扇、梃相邻构件装配间隙	—	√	√	√
窗框、窗扇外形尺寸	√	√	√	√
对角线尺寸之差	√	√	√	√
相邻构件同一平面高低差	√	√	√	√
窗框、窗扇配合间隙	—	√	—	√
窗框、窗扇搭接量	—	√	√	√
五金配件装配	—	√	√	√
密封条、毛条装配	√	√	√	√
压条装配	√	√	√	√
玻璃装配	√	√	√	√

注：1. 表中符号“√”表示需检测的项目，符号“—”表示不需检测的项目，符号“△”表示用户提出要求时的检测项目。
2. 带 * 的项目检测为生产过程检测。
3. 内窗对物理性能不要求时不做检测。

3. 门窗型式检验判断规则

门窗型式检验按规定的型式检验项目进行检验。当其中某项不合格时，应加倍抽样。对不合格的项目进行复检，如该项仍不合格，则判定该批产品为不合格品。若检验项目均符合标准规定的要求，则判定该批产品为合格品。

4.15 PVC－U 塑料门窗的包装、入库

PVC－U 塑料门窗成品检验合格后，为避免在运输、安装过程中被弄脏、划伤、损坏等，选用不产生污染的无腐蚀性的软质材料对门窗进行包装。包装应牢固，并有防潮措施。

装运塑料门窗产品的运输工具，应有防雨措施并保持清洁。在运输、装卸时，应保证产品不变形、不损伤、表面完好。运输门窗时，应竖立排放并固定牢靠，防止颠震损坏。樘与樘之间应用非金属软质材料隔开；五金配件也应采取保护措施，以免相互磨损。

PVC－U 塑料门窗产品放置在通风、防雨、干燥、清洁、平整、无污染的地方，不允许露天存放，严禁与腐蚀性物质接触。门窗产品不应直接接触地面，底部垫高应不小于100mm。产品应立放，立放角不应小于70°，并有防倾倒措施。贮存环境温度应低于50℃，距离热源不应小于1m。

第5章 PVC－U塑料门窗的安装及验收

5.1 PVC－U塑料门窗安装前的要求

5.1.1 门窗及材料质量要求

塑料门窗质量应符合现行行业标准《未增塑聚氯乙烯（PVC－U）塑料窗》（JG/T 140—2005）、《未增塑聚氯乙烯（PVC－U）塑料门》（JG/T 180—2005）的有关规定。

1）门窗的外观、外形尺寸、装配质量、力学性能应符合国家现行标准的有关规定；门窗中竖框、中横框或拼樘料等主要受力杆件中的增强型钢，应注明其规格、尺寸。门窗的抗风压性能、气密性能、水密性能等物理性能应符合国家现行标准的规定及设计要求，并附有等级质量检测报告。门窗产品应有出厂合格证。

2）门窗不得有焊角开焊、型材断裂等损坏现象，框和扇的平整度、直角度和翘曲度以及装配间隙应符合国家现行标准的有关规定，并不得有下垂和翘曲变形，以免妨碍开关功能。

3）当安装五金配件时，宜在其相应位置的型材内增设3mm厚的金属衬板，并不宜使用工艺木衬。五金配件的安装位置及数量应符合国家现行标准的规定。

4）密封条装配后应均匀、牢固；接口应粘接严密、无脱槽现象。

塑料门窗采用的型材应符合现行国家标准《门、窗用未增塑聚氯乙烯（PVC－U）型材》（GB/T 8814—2004）、《建筑门窗用未增塑聚氯乙烯彩色型材》（JG/T 263—2010）的有关规定，其老化性能应达到S类的技术指标要求。型材壁厚应符合现行行业标准《未增塑聚氯乙烯（PVC－U）塑料窗》（JG/T 140—2005）、《未增塑聚氯乙烯（PVC－U）塑料门》（JG/T 180—2005）的有关规定。

门窗采用的密封条、紧固件、五金配件等，应符合国家现行标准的有关规定。

增强型钢的质量应符合国家现行标准《聚氯乙烯（PVC）门窗增强型钢》（JG/T 131—2000）的有关规定。增强型钢的装配应符合现行行业标准《未增塑聚氯乙烯（PVC－U）塑料窗》（JG/T 140—2005）、《未增塑聚氯乙烯（PVC－U）塑料门》（JG/T 180—2005）的有关规定。

塑料门窗用钢化玻璃的质量应符合现行国家标准《建筑用安全玻璃　第2部分：钢化玻璃》（GB 15763.2—2005）的有关要求。

塑料门窗用中空玻璃除应符合现行国家标准《中空玻璃》（GB/T 11944—2002）的有关规定外，尚应符合下列规定：

1）中空玻璃用的间隔条可采用连续折弯型或插角型且内含干燥剂的铝框，也可使用热压复合式胶条。

2）用间隔铝框制备的中空玻璃应采用双道密封，第一道密封必须采用热熔性丁基密封胶，第二道密封应采用硅酮、聚硫类中空玻璃密封胶，并应采用专用打胶机进行混合、打胶。

用于中空玻璃第一道密封的热熔性丁基密封胶应符合国家现行标准《中空玻璃用丁基热熔密封胶》（JC/T 914—2003）的有关规定。第二道密封胶应符合国家现行标准《中空玻璃用弹性密封胶》（JC/T 486—2001）的有关规定。

塑料门窗用镀膜玻璃应符合现行国家标准《镀膜玻璃　第1部分：阳光控制镀膜玻璃》（GB/T 18915.1—2002）及《镀膜玻璃　第2部分：低辐射镀膜玻璃》（GB/T 18915.2—2002）的有关规定。

安装塑料门窗用固定片应符合现行行业标准《聚氯乙烯（PVC）门窗固定片》（JG/T 132—2000）的有关规定。固定片厚度不应小于1.5mm，最小宽度不应小于15mm，其材质应采用Q235－A冷轧钢板，其表面应进行镀锌处理。

塑料组合门窗使用的拼樘料截面尺寸及内衬增强型钢的形状、壁厚应符合设计要求。承受风荷载的拼樘料应采用与其内腔紧密吻合的增强型钢作为内衬，型钢两端应比拼樘料略长出10～15mm。

用于组合门窗拼樘料与墙体连接的钢连接件，厚度应经计算确定，并不应小于2.5mm。连接件表面均应进行防锈处理。

钢附框应采用壁厚不小于1.5mm的碳素结构钢或低合金结构钢制成。钢附框的内、外表面均应进行防锈处理。

塑料门窗用密封条等原材料应符合国家现行标准的有关规定。密封胶应符合国家现行标准《硅酮建筑密封胶》（GB/T 14683—2003）、《建筑窗用弹性密封胶》（JC/T 485—2007）及《混凝土建筑接缝用密封胶》（JC/T 881—2001）的有关规定。密封胶与PVC－U塑料型材应具有良好的粘结性。

门窗安装用聚氨酯发泡胶应符合国家现行标准《单组份聚氨酯泡沫填缝剂》（JC 936—2004）的有关规定。

与聚氯乙烯型材直接接触的五金件、紧固件、密封条、玻璃垫块、密封胶等材料，其性能应与PVC－U塑料具有相容性。

5.1.2 墙体、洞口质量要求

门窗应采用预留洞口法安装，不得采用边安装边砌口或先安装后砌口的施工方法。门窗洞口尺寸应符合现行国家标准《建筑门窗洞口尺寸系列》（GB/T 5824—2008）的有关规定。

门窗及玻璃的安装应在墙体湿作业完工且硬化后进行；当需要在湿作业前进行时，应采取保护措施。门的安装应在地面工程施工前进行。

应测出各窗洞口中线，并逐一做出标记。对于多层建筑，可从最高层一次垂吊。对于高

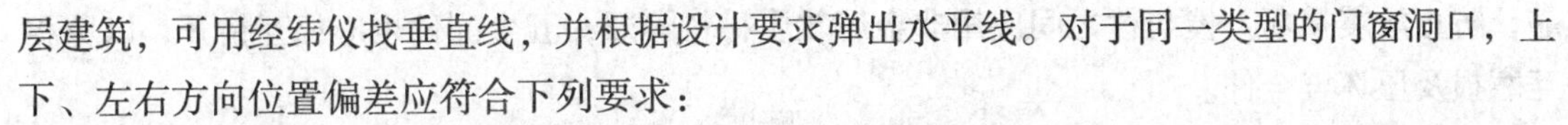

层建筑，可用经纬仪找垂直线，并根据设计要求弹出水平线。对于同一类型的门窗洞口，上下、左右方向位置偏差应符合下列要求：

1）处于同一垂直位置的相邻洞口，中线左右位置相对偏差不应大于 10mm；全楼高度内，所有处于同一垂直线的各楼层洞口，左右位置相对偏差不应大于 15mm（全楼高度小于 30m）或 20mm（全楼高度大于或等于 30m）。

2）处于同一水平位置的相邻洞口，中线上下位置相对偏差不应大于 10mm；全楼长度内，所有处于同一水平线位置的各单元洞口，上下位置相对偏差不应大于 15mm（全楼长度小于 30m）或 20mm（全楼长度大于或等于 30m）。

门窗洞口宽度与高度尺寸的允许偏差应符合表 5-1 的规定。门窗的安装应在洞口尺寸检验合格，并办好工种间交接手续后进行。

表 5-1　门窗洞口宽度与高度尺寸的允许偏差　（单位：mm）

洞口类型		洞口宽度或高度		
		<2400	2400~4800	>4800
不带附框洞口	未粉刷墙面	±10	±15	±20
	已粉刷墙面	±5	±10	±15
已安装附框的洞口		±5	±10	±15

门、窗的构造尺寸应考虑预留洞口与待安装门、窗框的伸缩缝间隙及墙体饰面材料的厚度。伸缩缝间隙要求见第 4 章 4.4 节。门的构造尺寸除应考虑洞口伸缩缝间隙外，还应符合下列要求：无下框平开门，门框的高度应比洞口高度大 10~15mm；带下框平开门或推拉门，门框高度应比洞口高度小 5~10mm。

安装前，应清除洞口周围松动的砂浆、浮渣及浮灰。必要时，可在洞口四周涂刷一层防水聚合物水泥砂浆。

5.1.3　其他要求

安装工程中所使用的塑料门窗部件、配件、材料等在运输、保管和施工过程中，应采取防止其损坏或变形的措施。

门窗应放置在清洁、平整的地方，且应避免日晒雨淋。门窗不应直接接触地面，下部应放置垫木，且均应立放，立放角度不应小于 70°，并应采取防倾倒措施。门窗放置时不得与腐蚀物质接触。

贮存门窗的环境温度应低于 50℃；与热源的距离不应小于 1m。当存放门窗的环境温度为 5℃以下时，安装前应将门窗移至室内，在不低于 15℃的环境下放置 24h。门窗在安装现场放置的时间不宜超过 2 个月。

装运门窗的运输工具应设有防雨措施，并保持清洁。运输门窗，应竖立排放并固定牢靠，防止颠震损坏。樘与樘之间应用非金属软质材料隔开；五金配件也应相互错开，以免相互磨损及压坏五金件。

装卸门窗，应轻拿、轻放；不得撬、甩、摔。吊运门窗，其表面应采用非金属软质材料衬垫，并在门窗外缘选择牢靠平稳的着力点，不得在框扇内插入抬杠起吊。

安装用的主要机具和工具应完备，材料应齐全。量具应定期检验，当达不到要求时，应及时更换。

门窗安装前，应按设计图纸的要求检查门窗的数量、品种、规格、开启方向、外形等；门窗五金件、密封条、紧固件等应齐全，不合格者应予以更换。安装前，塑料门窗扇及分格杆件宜作封闭性保护。门、窗框应采用三面保护，框与墙体连接面不应有保护层；保护膜脱落的，应补贴保护膜。

当洞口需要设置预埋件时，应检查预埋件的种类、数量、规格及位置；预埋件的数量应和固定片的数量一致，其标高和坐标位置应准确。预埋件位置及数量不符合要求时，应补装后置埋件。

应将不同规格的塑料门、窗搬到相应的洞口旁竖放，门、窗框的上下边框应做中线标记。安装门窗时，其环境温度不应低于5℃。

5.2 PVC－U 塑料门窗的安装

5.2.1 门窗安装工序

按现行行业标准《塑料门窗工程技术规程》（JGJ 103—2008）的规定，门窗安装的工序应符合表5-2的规定。

表5-2 门窗安装的工序

序号	工序名称	门窗类型		
		单樘窗	组合门窗	普通门
1	洞口找中线	+	+	+
2	补贴保护膜	+	+	+
3	安装后置埋件	—	*	—
4	框上找中线	+	+	+
5	安装附框	*	*	*
6	抹灰找平	*	*	*
7	卸玻璃（或门、窗扇）	*	*	*
8	框进洞口	+	+	+
9	调整定位	+	+	+

（续）

序号	工序名称	门窗类型		
		单樘窗	组合门窗	普通门
10	门窗框固定	+	+	+
11	盖工艺孔帽及密封处理	+	+	+
12	装拼樘料	—	+	—
13	打聚氨酯发泡胶	+	+	+
14	装窗台板	*	*	—
15	洞口抹灰	+	+	+
16	清理砂浆	+	+	+
17	打密封胶	+	+	+
18	安装配件	+	+	+
19	装玻璃（或门、窗扇）	+	+	+
20	装纱窗（门）	*	*	*
21	表面清理	+	+	+
22	去掉保护膜	+	+	+

注：序号 1 ~4 为安装前的准备工作；“ + ”表示应进行的工序；“ * ”表示可选择的工序。

5.2.2　门窗安装要求

塑料门窗应采用固定片法安装。对于旧窗改造或构造尺寸较小的窗型，可采用直接固定法进行安装，窗下框应采用固定片法安装。

根据设计要求，可在门、窗框安装前预先安装附框。附框宜采用固定片法与墙体连接牢固。附框安装后应用水泥砂浆将洞口抹至与附框内表面平齐。附框与门、窗框间应预留伸缩缝，门、窗框与附框的连接应采用直接固定法，但不得直接在窗框排水槽内进行钻孔。

安装门窗时，如果玻璃已装在门窗上，宜卸下玻璃（或门、窗扇），并作标记。

应根据设计图纸确定门窗框的安装位置及门扇的开启方向。当门窗框装入洞口时，其上下框中线应与洞口中线对齐；门窗的上下框四角及中横梃的对称位置应用木楔或垫块塞紧作临时固定；当下框长度大于 0.9m 时，其中央也应用木楔或垫块塞紧，临时固定；然后应按设计图纸确定门窗框在洞口墙体厚度方向的安装位置。

安装门时应采取防止门框变形的措施，无下框平开门应使两边框的下脚低于地面标高线，其高度差宜为 30mm，带下框平开门或推拉门应使下框底面低于最终装修地面 10mm。安装时，应先固定上框的一个点，然后调整门框的水平度、垂直度和直角度，并应用木楔临时定位。

门窗的安装允许偏差应符合表 5 - 3 的规定。

表5-3 门窗的安装允许偏差

项目		允许偏差/mm	检验方法
门、窗框外形（高、宽）尺寸长度差	≤1500mm	2	用精度1mm的钢卷尺，测量外框两相对外端面，测量部位距端部100mm
	>1500mm	3	
门、窗框两对角线长度差	≤2000mm	3	用精度1mm的钢卷尺，测量内角
	>2000mm	5	
门、窗框（含拼樘料）正、侧面垂直度		3	用1m垂直检测尺检查
门、窗框（含拼樘料）水平度		3.0	用1m水平尺和精度0.5mm的塞尺检查
门、窗下横框的标高		5	用精度1mm的钢直尺检查，与基准线比较
双层门、窗内外框间距		4.0	用精度0.5mm的钢直尺检查
门、窗竖向偏离中心		5.0	用精度0.5mm的钢直尺检查
平开门窗及上悬、下悬、中悬窗	门、窗扇与框搭接量	2.0	用深度尺或精度0.5mm的钢直尺检查
	同樘门窗相邻扇的水平高度差	2.0	用靠尺和精度0.5mm的钢直尺检查
	门、窗框扇四周的配合间隙	1.0	用楔形塞尺检查
推拉门窗	门、窗与框搭接量	2.0	用深度尺或精度0.5mm的钢直尺检查
	门、窗扇与框或相邻扇立边平行度	2.0	用精度0.5mm的钢直尺检查
组合门窗	平面度	2.5	用2m靠尺和精度0.5mm的钢直尺检查
	竖缝直线度	2.5	用2m靠尺和精度0.5mm的钢直尺检查
	横缝直线度	2.5	用2m靠尺和精度0.5mm的钢直尺检查

门窗在安装时应确保门窗框上下边位置及内外朝向准确，安装应符合下列要求：

1）当门窗框与墙体间采用固定片固定时，应使用单向固定片，固定片应双向交叉安装。与外保温墙体固定的边框固定片宜朝向室内。固定片与窗框连接应采用十字槽盘头自钻自攻螺钉直接钻入固定，不得直接锤击钉入或仅靠卡紧方式固定。窗框固定片安装节点如图5-1所示。

2）当门窗框与墙体间采用膨胀螺钉直接固定时，应按膨胀螺钉规格先在窗框上打好基孔，安装膨胀螺钉时应在伸缩缝中膨胀螺钉位置两边加支撑块。膨胀螺钉端头应加盖工艺孔帽，并应用密封胶进行密封，如图5-2所示。

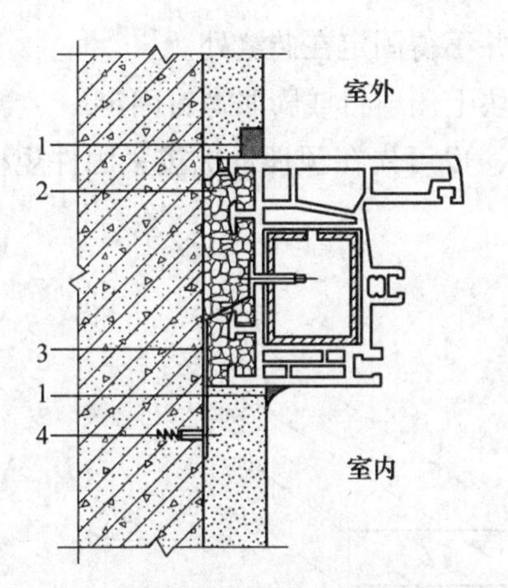

图 5-1　窗框固定片安装节点图

1—密封胶　2—聚氨酯发泡胶

3—固定片　4—膨胀螺钉

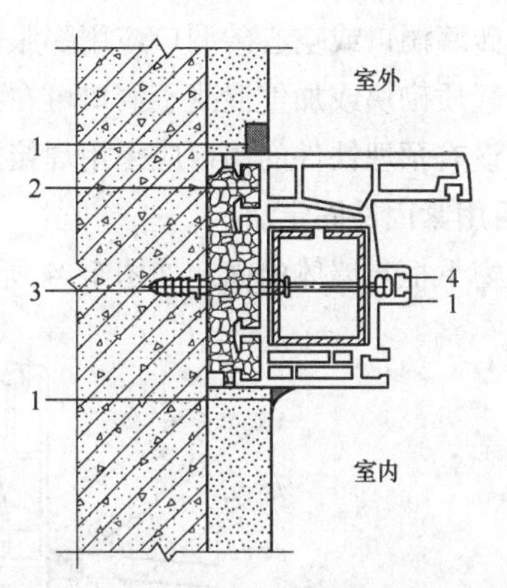

图 5-2　窗框直接固定安装节点图

1—密封胶　2—聚氨酯发泡胶

3—膨胀螺钉　4—工艺孔帽

3）固定片或膨胀螺钉的位置应距门窗端角、中竖梃、中横梃 150～200mm，固定片或膨胀螺钉之间的间距应符合设计要求，并不得大于 600mm，如图 5-3 所示。不得将固定片直接装在中横梃、中竖梃的端头上。平开门安装铰链的相应位置宜安装固定片或采用直接固定法固定。

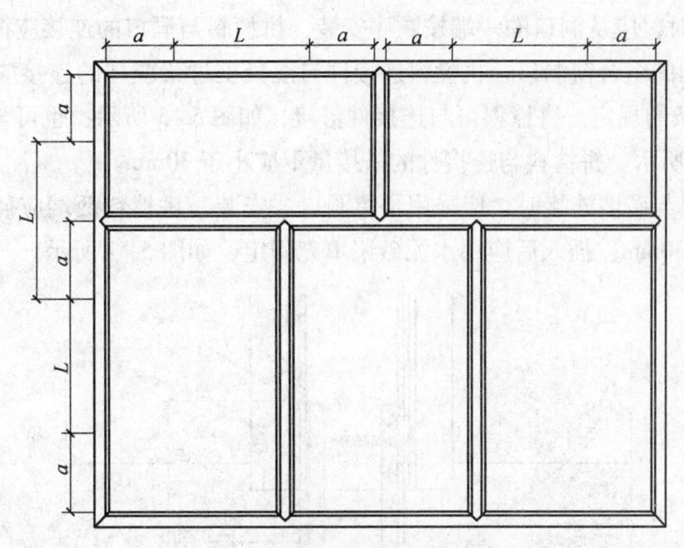

图 5-3　固定片或膨胀螺钉的安装位置

a—端头（或中框）至固定片（或膨胀螺钉）的距离

L—固定片（或膨胀螺钉）之间的间距

建筑外窗的安装必须牢固可靠，在砖砌体上安装时，严禁用射钉固定。

附框或门窗与墙体固定时，应先固定上框，后固定边框。固定片形状应预先弯曲至贴近洞口固定面，不得直接锤打固定片使其弯曲。固定片固定方法应符合下列要求：

1）混凝土墙洞口应采用射钉或膨胀螺钉固定。

2）砖墙洞口或空心砖洞口应用膨胀螺钉固定，并不得固定在砖缝处。

3）轻质砌块或加气混凝土洞口可在预埋混凝土块上用射钉或膨胀螺钉固定。

4）设有预埋铁件的洞口应采用焊接的方法固定，也可先在预埋件上按紧固件规格打基孔，然后用紧固件固定。

5）窗下框与墙体的固定如图5-4所示。

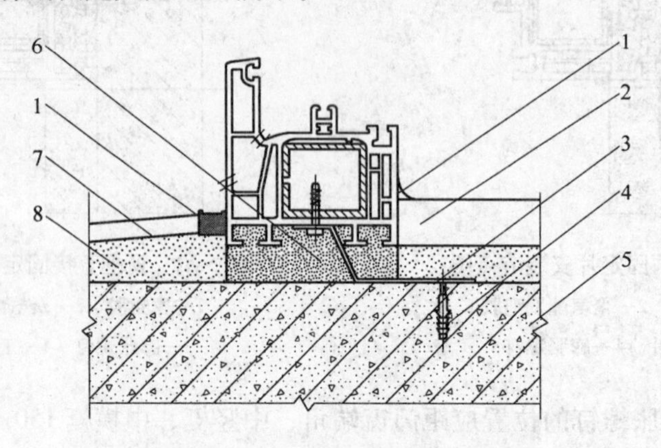

图5-4 窗下框与墙体固定节点图

1—密封胶 2—内窗台板 3—固定片 4—膨胀螺钉
5—墙体 6—防水砂浆 7—装饰面 8—抹灰层

安装组合窗时，应从洞口的一端按顺序安装，拼樘料与洞口的连接应符合下列要求：

1）不带附框的组合窗洞口，拼樘料连接件与混凝土过梁或柱的连接应符合以上固定片固定方法第4）条的规定。拼樘料可与连接件搭接，如图5-5所示；也可与预埋件或连接件焊接，如图5-6所示。拼樘料与连接件的搭接量不应小于30mm。

2）当拼樘料与砖墙连接时，应采用预留洞口法安装。拼樘料两端应插入预留洞中，插入深度不应小于30mm，插入后应用水泥砂浆填充固定，如图5-7所示。

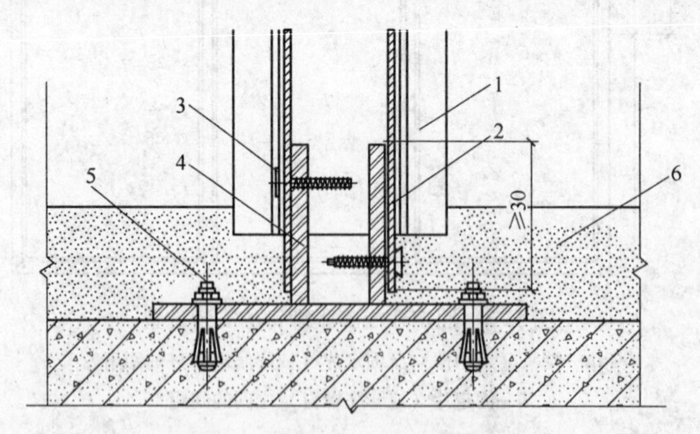

图5-5 拼樘料安装节点图（一）

1—拼樘料 2—增强型钢 3—自攻螺钉 4—连接件
5—膨胀螺钉或射钉 6—伸缩缝填充物

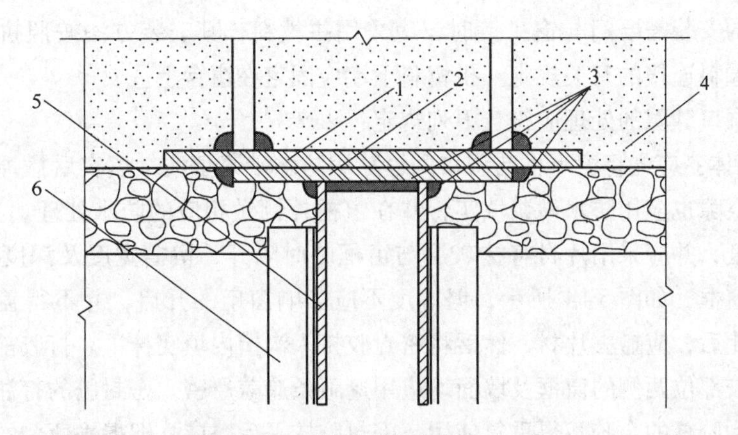

图 5-6　拼樘料安装节点图（二）

1—预埋件　2—调整垫块　3—焊接点　4—墙体　5—增强型钢　6—拼樘料

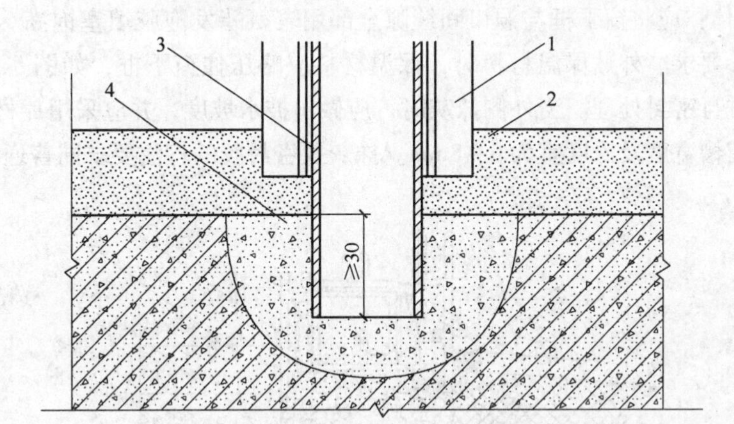

图 5-7　预留洞口法拼樘料与墙体的固定

1—拼樘料　2—伸缩缝填充物　3—增强型钢　4—水泥砂浆

当门窗与拼樘料连接时，应先将两窗框与拼樘料卡接，然后用自钻自攻螺钉拧紧，其间距应符合设计要求并不得大于 600mm；紧固件端头应加盖工艺孔帽，如图 5-8 所示，并用密封胶进行密封处理。拼樘料与窗框间的缝隙也应采用密封胶进行密封处理。

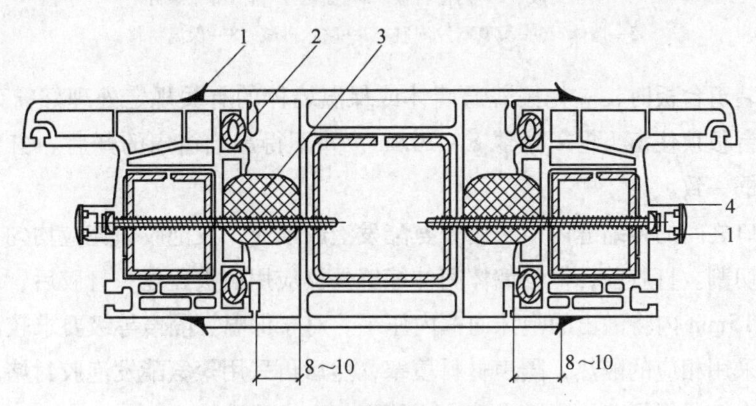

图 5-8　拼樘料连接节点图

1—密封胶　2—密封条　3—泡沫棒　4—工艺孔帽

当门连窗的安装需要门与窗拼接时，应采用拼樘料，其安装方法按照拼樘料与洞口连接、门窗与拼樘料连接的有关规定。拼樘料下端应固定在窗台上。

窗下框与洞口缝隙的处理应符合下列规定：

1）普通墙体：应先将窗下框与洞口间缝隙用防水砂浆填实，填实后撤掉临时固定用木楔或垫块，其空隙也应用防水砂浆填实，并在窗框外侧做相应的防水处理。当外侧抹灰时，应做出披水坡度，并应采用片材将抹灰层与窗框临时隔开，留槽宽度及深度宜为5～8mm。抹灰面应超出窗框，如图5-4所示，但厚度不应影响窗扇的开启，并不得盖住排水孔。待外侧抹灰层硬化后，应撤去片材，然后将密封胶挤入沟槽内填实抹平。打胶前应将窗框表面清理干净，打胶部位两侧的窗框及墙面均应用遮蔽条遮盖严密。密封胶的打注应饱满，表面应平整光滑，刮胶缝的余胶不得重复使用。密封胶抹平后，应立即揭去两侧的遮蔽条。内侧抹灰应略高于外侧，且内侧与窗框之间也应采用密封胶密封。

2）保温墙体：应将窗下框与洞口间缝隙全部用聚氨酯发泡胶填塞饱满。外侧防水密封处理应符合设计要求。外贴保温材料时，保温材料应略压住窗下框，如图5-9所示，其缝隙应用密封胶进行密封处理。当外侧抹灰时，应做出披水坡度，并应采用片材将抹灰层与窗框临时隔开，留槽宽度及深度宜为5～8mm。抹灰及密封胶的打注要求同普通墙体。

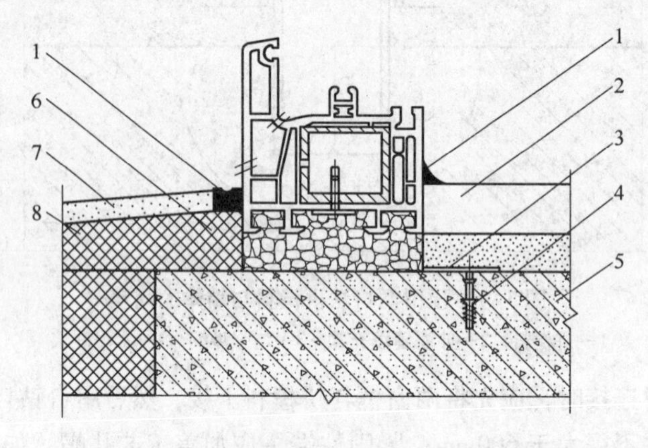

图5-9 外保温墙体窗下框安装节点图

1—密封胶 2—内窗台板 3—固定片 4—膨胀螺钉

5—墙体 6—聚氨酯发泡胶 7—防水砂浆 8—保温材料

当需要安装窗台板时，应先按普通墙体或保温墙体的有关规定处理好窗下框与洞口缝隙，然后将窗台板顶住窗下框下边缘5～10mm，并不得影响窗扇的开启。窗台板安装的水平精度应与窗框一致。

窗框与洞口之间的伸缩缝内应采用聚氨酯发泡胶填充，发泡胶填充应均匀、密实。发泡胶成型后不宜切割。打胶前，框与墙体间伸缩缝外侧应用挡板盖住；打胶后，应及时拆下挡板，并在10～15min内将溢出的泡沫向框内压平。对于保温、隔声等级要求较高的工程，应先按设计要求采用相应的隔热、隔声材料填塞，然后再采用聚氨酯发泡胶封堵。填塞后，撤掉临时固定用木楔或支撑垫块，其空隙也应用聚氨酯发泡胶填塞。

门、窗洞口内外侧与门、窗框之间缝隙的处理应在聚氨酯发泡胶固化后进行，处理过程应符合下列要求：对普通门窗工程，其洞口内外侧与窗框之间均应采用普通水泥砂浆填实抹平，然后进行抹灰及密封胶的打注；对装修质量要求较高的门窗工程，室内侧窗框与抹灰层之间宜采用与门窗材料一致的塑料盖板掩盖接缝，外侧抹灰及密封胶的打注同普通门窗工程。

门窗（框）扇表面及框槽内粘有水泥砂浆时，应在其硬化前用湿布擦拭干净，不得使用硬质材料铲刮门窗（框）扇表面。

门窗扇应待水泥砂浆硬化后安装；安装平开门窗时，宜将门窗扇吊高2～3mm，门扇的安装宜采用可调节门铰链，安装后门铰链的调节余量应放在最大位置。平开门窗固定合页（铰链）的螺钉宜采用自钻自攻螺钉。门窗安装后，框扇应无可视变形，门窗扇关闭应严密，搭接量应均匀，开关应灵活。铰链部位配合间隙的允许偏差及框、扇的搭接量、开关力等应符合国家现行标准《未增塑聚氯乙烯（PVC－U）塑料窗》（JG/T 140—2005）、《未增塑聚氯乙烯（PVC－U）塑料门》（JG/T 180—2005）的规定。门窗合页（铰链）螺钉不得外露。

推拉门窗扇必须有防脱落装置。推拉门窗安装后框扇应无可视变形，门扇关闭应严密，开关应灵活。窗扇与窗框上下搭接量的实测值（导轨顶部装滑轨时，应减去滑轨高度）均不应小于6mm。门扇与门框上下搭接量的实测值（导轨顶部装滑轨时，应减去滑轨高度）均不应小于8mm。

玻璃、五金件安装应符合现行行业标准《塑料门窗工程技术规程》（JGJ 103—2008）的有关规定。

窗纱应固定牢固，纱扇关闭应严密。安装五金件、纱窗铰链及锁扣后，应整理纱网和压实压条。

安装后的门窗关闭时，密封面上的密封条应处于压缩状态，密封层数应符合设计要求。密封条应是连续完整的，装配后应均匀、牢固，无脱槽、收缩、虚压等现象；密封条接口应严密，且应位于窗的上方。门窗表面应洁净、平整、光滑，颜色应均匀一致。可视面应无划痕、碰伤等影响外观质量的缺陷，门窗不得有焊角开裂、型材断裂等损坏现象。

应在所有工程完工后及装修工程验收前去掉保护膜。

5.3 施工安全与安装后的门窗保护

5.3.1 施工安全

施工现场成品及辅助材料应堆放整齐、平稳，并应采取防火等安全措施。

安装门窗、玻璃或擦拭玻璃时，严禁用手攀窗框、窗扇和窗撑。操作时，应系好安全带，且安全带必须有坚固牢靠的挂点，严禁把安全带挂在窗体上。

应经常检查电动工具有无漏电现象；当使用射钉枪时应采取安全保护措施。

劳动保护、防火防毒等施工安全技术，应按现行行业标准《建筑施工高处作业安全技术规范》（JGJ 80—1991）执行。

施工过程中，楼下应设警示区域，并应设专人看守，不得让行人进入。

施工中使用电、气焊等设备时，应做好木质品等易燃物的防火措施。

施工中使用的角磨机设备应设有防护罩。

5.3.2 安装后的门窗保护

塑料门窗在安装过程中及工程验收前，应采取防护措施，不得污损。门窗下框宜加盖防护板。边框宜使用胶带密封保护，不得损坏保护膜。

已装门窗框、扇的洞口，不得再作运料通道。

严禁在门窗框、扇上安装脚手架、悬挂重物。外脚手架不得顶压在门窗框、扇或窗撑上，并严禁蹬踩窗框、窗扇或窗撑。

应防止利器划伤门窗表面，并应防止电、气焊火花烧伤或烫伤面层。

立体交叉作业时，门窗严禁碰撞。

安装窗台板或进行装修时严禁撞、挤门窗。

5.4 门窗工程的验收

5.4.1 一般规定

1）塑料门窗工程验收应符合现行国家标准《建筑工程施工质量验收统一标准》（GB 50300—2001）、《建筑装饰装修工程质量验收规范》（GB 50210—2001）及《建筑节能工程施工质量验收规范》（GB 50411—2007）的有关规定。

2）塑料门窗隐蔽工程验收应在作业面封闭前进行并形成验收记录。

3）塑料门窗工程验收时应检查下列文件和记录。

① 塑料门窗工程的施工图、设计说明及其他设计文件。

② 根据工程需要出具的塑料门窗的抗风压性能、水密性能以及气密性能、保温性能、遮阳性能、采光性能、可见光透射比等检验报告；或抗风压性能、水密性能检验以及建筑门窗节能性能标识证书等。

③ 塑料门窗型材、玻璃、密封材料及五金配件等材料的产品质量合格证书、性能检测报告和进场验收记录。

④ 隐框窗应提供硅酮结构胶相容性试验报告。

⑤ 塑料门窗框与洞口墙体连接固定、防腐、缝隙填塞及密封处理等隐蔽工程项目验收记录。

⑥ 塑料门窗产品质量合格证书。

⑦ 塑料门窗安装施工自检记录。

⑧ 进口商品应提供报关单和商检证明。

4）塑料门窗工程验收检验批划分、检查数量及合格判定，应按现行国家标准《建筑装饰装修工程质量验收规范》（GB 50210—2001）的规定执行，门窗节能工程验收应按现行国家标准《建筑节能工程施工质量验收规范》（GB 50411—2007）的规定执行。

5.4.2　主控项目

1）塑料门窗的物理性能应符合设计要求。

检验方法：检查门窗性能检测报告或建筑门窗节能性能标识证书，必要时可对外窗进行现场淋水试验。

2）塑料门窗所用 PVC - U 塑料型材的材料性能、尺寸偏差、外观质量及型材壁厚应符合现行国家标准的规定。

检验方法：观察、尺量检查，检查型材产品质量合格证书、进场验收记录。

3）塑料门窗型材主要受力杆件内衬增强型钢壁厚应符合设计要求，其中门用型材主要受力部位内衬增强型钢截面最小实测壁厚不应小于 2.0mm，窗用型材主要受力部位内衬增强型钢截面最小实测壁厚不应小于 1.5mm。

检验方法：观察，游标卡尺、千分尺检查，检查进场验收记录。

4）塑料门窗框的安装必须牢固；预埋件的数量、位置、埋设方式、与框的连接方式必须符合设计要求。

检验方法：观察、手扳检查，检查隐蔽工程验收记录。

5）塑料门窗扇必须安装牢固，并应开关灵活、关闭严密，无倒翘；推拉门窗扇必须有防脱落措施。

检验方法：观察、开启和关闭检查、手扳检查。

6）塑料门窗配件的型号、规格、数量应符合设计要求，安装应牢固，位置应正确，功能应满足使用要求。

检验方法：观察、开启和关闭检查、手扳检查。

5.4.3　一般项目

1）塑钢门窗表面应洁净、平整、光滑、色泽一致，无锈蚀；大面应无划痕、碰伤；漆膜或保护层应连续。

检验方法：观察。

2）除带有关闭装置的门（地弹簧、闭门器）和提升推拉门、折叠推拉窗、无平衡装置的提升窗外，平开门窗扇平铰链的开关力应不大于 80N；滑撑铰链的开关力应不大于 80N，并不小于 30N。推拉门窗扇的开关力应不大于 100N。

检验方法：用测力计检查，每个检验批应至少抽查 5%，并不得少于 3 樘。

3）门窗框与墙体之间的安装缝隙应填塞饱满，填塞材料和方法应符合设计要求，密封胶表面应光滑、顺直、无断裂。

检验方法：观察；轻敲门窗框检查；检查隐蔽工程验收记录。

4）密封胶条和密封毛条装配应完好、平整、不得脱出槽口外，交角处平顺、可靠。

检验方法：观察；开启和关闭检查。

5）塑料门窗排水孔应通畅，其尺寸、位置和数量应符合设计要求。

检验方法：观察，测量。

6）塑料门窗安装的允许偏差和检验方法应符合表5-3的规定。

7）塑料门窗安装的质量要求及其检验方法应符合表5-4的规定。

表5-4 塑料门窗安装质量要求及其检验方法

<table>
<tr><th colspan="2">项 目</th><th>质量要求</th><th>检验方法</th></tr>
<tr><td colspan="2">门窗表面</td><td>洁净，平整，光滑，大面无划痕、碰伤，型材无开焊断裂</td><td>观察</td></tr>
<tr><td colspan="2">五金件</td><td>齐全，位置正确，安装牢固，使用灵活，达到各自的使用功能</td><td>观察、量尺检查</td></tr>
<tr><td colspan="2">玻璃密封条</td><td>密封条与玻璃及玻璃槽口的接触应平整，不得卷边、脱槽</td><td>观察</td></tr>
<tr><td colspan="2">密封质量</td><td>门窗关闭时，扇与框间无明显缝隙，密封面上的密封条应处于压缩状态</td><td>观察</td></tr>
<tr><td rowspan="2">玻璃</td><td>单玻</td><td>安装好的玻璃不得直接接触型材，玻璃应平整，安装牢固，不应有松动现象，表面应洁净，单面镀膜玻璃的镀膜层应朝向室内</td><td>观察</td></tr>
<tr><td>双玻</td><td>安装好的玻璃应平整，安装牢固，不得有松动现象，内外表面均应洁净，玻璃夹层内不得有灰尘和水汽，双玻隔条不得翘起，单面镀膜玻璃应在最外层，镀膜层应朝向室内</td><td>观察</td></tr>
<tr><td colspan="2">压条</td><td>带密封条的压条必须与玻璃全部贴紧，压条与型材的接缝处应无明显缝隙，接头缝隙应≤1mm</td><td>观察</td></tr>
<tr><td colspan="2">拼樘料</td><td>应与窗框连接紧密，不得松动，螺钉间距应≤600mm，内衬增强型钢两端应与洞口固定牢靠，拼樘料与窗框间应用嵌缝膏密封</td><td>观察</td></tr>
<tr><td rowspan="3">开关部件</td><td>平开门窗扇</td><td>关闭严密，搭接量均匀，开关灵活，密封条不得脱槽，开关力：平铰链应≤80N，滑撑铰链应≥30N且≤80N</td><td>观察、测力计检查</td></tr>
<tr><td>推拉门窗扇</td><td>关闭严密，扇与框搭接量符合设计要求，开关力应≤100N</td><td>观察，深度尺、测力计检查</td></tr>
<tr><td>旋转窗</td><td>关闭严密，间隙基本均匀，开关灵活</td><td>观察</td></tr>
<tr><td colspan="2">框与墙体连接</td><td>门窗框应横平竖直、高低一致，固定片安装位置应正确，间距应≤600mm，框与墙体应连接牢固，缝隙内应用弹性材料填嵌饱满，表面用嵌缝膏密封，无裂缝</td><td>观察</td></tr>
<tr><td colspan="2">排水孔</td><td>畅通，位置正确</td><td>观察</td></tr>
</table>

5.5 门窗工程的保养与维修

塑料门窗工程验收前，应为用户提供门窗使用、维修、维护说明，并应明确保修的责任范围。

塑料门窗工程验收交工后，使用单位应及时制定门窗保养、维修计划与制度。

应保持门窗玻璃及型材表面的整洁。根据积灰、污染程度确定门窗的清洗周期和次数。

门窗五金配件应避免腐蚀性介质的侵蚀。滑轮、传动机构、铰链、执手等要求开启灵活的部位应经常采取除灰、注油等保养措施，五金配件应清洁、润滑。当发现门窗开启不灵活或五金配件松动、损坏等现象时，应及时修理或更换。

门窗表面如有油污、积尘等，可用软布蘸洗涤剂清洗，不得使用腐蚀性溶剂清洗，不得用钢刷等利器擦拭型材、玻璃。

应定期检查门窗排水系统是否通畅，发现堵塞应及时疏通。

当发现密封胶和密封条有老化开裂、缩短、脱落等现象时，应及时进行修补或更换。

当发现玻璃松动、开裂、破损时，应及时修复或更换。

附录　PVC－U 塑料门窗生产工序卡

塑料推拉门窗与平开门窗，许多工序的加工工艺是相同的，如框扇杆件下料、中梃下料、安装钢衬、铣排水孔等。我们将以塑料平开窗为例，重点介绍主要工序的生产工序卡，详见附表 1 ~ 附表 13。

窗型大样如附图 1 所示。

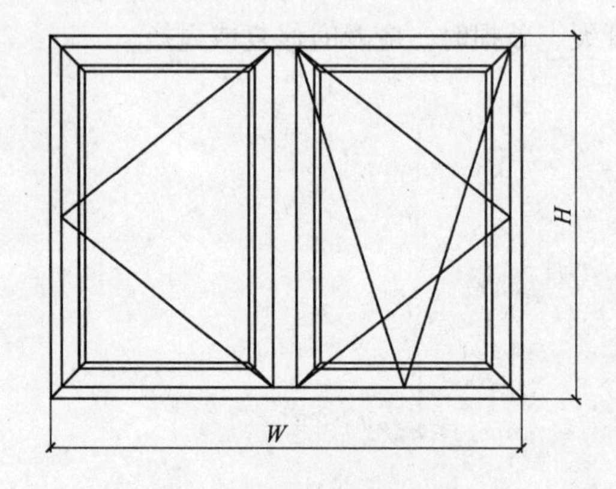

附图 1　塑料平开窗大样

附表1 PVC型材下料工序卡

工件名称	工序名称	上序名称	下序名称	设备名称	设备编号	工装名称	工装编号
推拉框杆	型材下料		铣V形口	双角锯	J－01		

加工简图：

45°±15′

L

A

2

3

60

工序质量标准

1. $L\leqslant1500$mm，允差 ±1.0mm；$L>1500$mm，允差 ±1.5mm
2. 各部位形位公差符合加工简图规定
3. 锯口不允许出现崩裂等缺陷

操作方法

1. 按生产计划调整两锯片间距在 L 的允差范围内
2. 将型材A面朝下置于工作台上，用0.3MPa左右的压力压紧型材，手感无松动
3. 启动主轴进行切割，锯片复位后，再松开夹具取下工件，码放在专用工位器具上
4. 首件经专检确认合格后再批量生产

量具名称	型号规格	精度等级
钢卷尺	3m	1.0mm
专用角度样板	45°、90°	±30′

检验方法

1. 用钢卷尺检验下料长度
2. 用万能角度尺或专用角度样板检验角度和垂直度
3. 目测外观质量

×××塑料门窗厂 塑料平开门窗生产工序卡	编制	会签	审核	批准	日期	共 页
						第 页

附表2 铣V形口工序卡

工件名称	工序名称	上序名称	下序名称	设备名称	设备编号	工装名称	工装编号
门窗框料	铣V形口	下料	焊接	V形锯	J－02		

加工简图：

2
3
60
A
(梃料宽 /2－3)±0.5
B_1
90°±15′
B_2
分格中心线±1.0
⊥ 15′ A

工序质量标准

1. 铣口中心位置及口的形位公差符合简图要求
2. 口的两侧要对称，B_1 与 B_2 之差≤1.0mm
3. 切口不许出现崩裂现象

操作方法

1. 根据生产计划指定的型材系列尺寸，按口深＝梃料宽度/2－焊接余量，调整好工作台的高度
2. 按生产图调整好分格线定位挡板
3. 把型材加工面朝下放在工作台上，用0.4MPa左右的压力压紧型材
4. 调整好进刀速度再进行切割
5. 首件经专检确认合格后再批量生产

量具名称	型号规格	精度等级
钢卷尺	3m	1.0mm
专用角度样板	90°	±30′

检验方法

1. 用钢卷尺测量口的中心位置
2. 用万能角度尺或专用角度样板测量V形口的90°角及形位公差

×××塑料门窗厂 塑料平开门窗生产工序卡	编制	会签	审核	批准	日期	共 页
						第 页

附表3　铣端面工序卡

工件名称	工序名称	上序名称	下序名称	设备名称	设备编号	工装名称	工装编号
门窗梃料	铣端面	下料	装钢衬	端面铣	X－01		

加工简图：

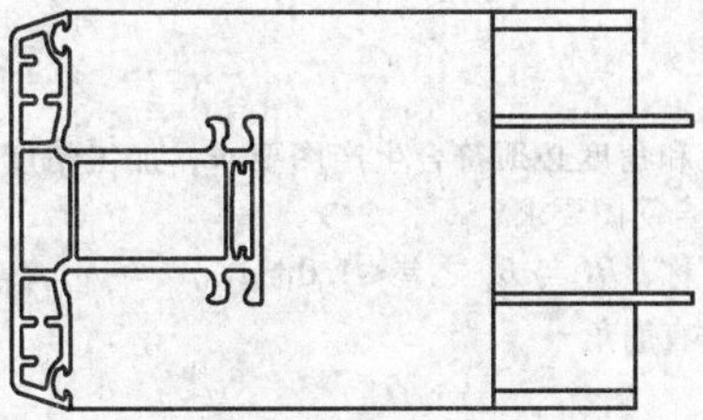

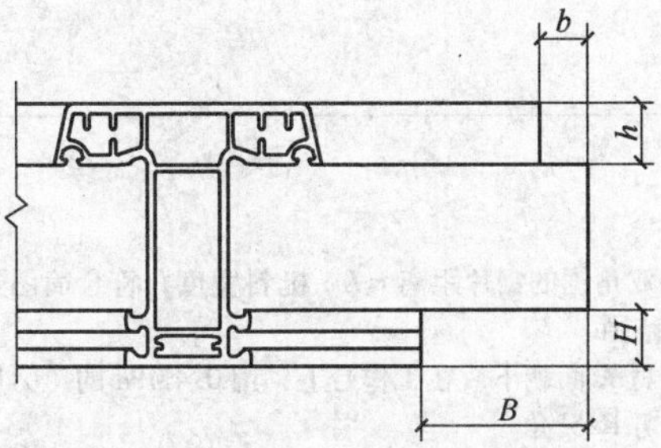

b

h

H

B

工序质量标准	1. 铣出的榫头尺寸及精度必须符合生产图的要求 2. 铣后的杆件长度必须符合生产图的要求 3. 加工部位不允许出现崩裂现象
操作方法	1. 按生产图给定的榫头尺寸，选择相应的铣刀安装在主轴上 2. 按榫头长度调整好定位挡板，按生产图校正好各定位挡板 3. 根据榫头尺寸认清大小面方向放在工作台上，用 0.4MPa 左右的压力压紧型材 4. 调整好进刀速度再进行铣削 5. 首件经专检确认合格后再批量生产

量具名称	型号规格	精度等级
钢卷尺	3m	1.0mm
游标卡尺	150mm	0.02mm

检验方法	1. 用钢卷尺测杆件长度 2. 用游标卡尺测量榫头尺寸及加工精度 3. 目测外观质量

×××塑料门窗厂 塑料平开门窗生产工序卡	编制	会签	审核	批准	日期	共　页
						第　页

附表4 中梃下料工序卡

工件名称	工序名称	上序名称	下序名称	设备名称	设备编号	工装名称	工装编号
中梃	下料		铣排水孔	双角锯	J－01		

加工简图：

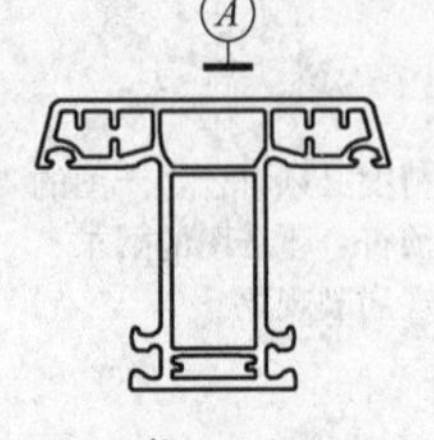

B_1 B_2 90°±15′ L±1.0 90°±15′ B_1 B_2

工序质量标准	1. 下料长度和角度必须符合生产图要求，加工精度及形位公差应符合简图要求 2. 锯口要对称，B_1 与 B_2 之差≤1.0mm 3. 锯口不得有崩角
操作方法	1. 调整双角锯的锯片距离＝L＋梃料宽度，符合简图规定的公差范围 2. 把型材A面朝下放在工作台上，用0.4MPa的压力压紧型材，切＋45°角 3. ＋45°角切完后，在继续压紧型材的状态下，调整固定锯头下的端头定位挡板与＋45°角顶端贴紧后紧固挡板 4. 把已切完＋45°角的型材翻转180°，＋45°角顶端顶住定位挡板再压紧型材切割－45°角 5. 首件经专检确认合格后再批量生产

量具名称	型号规格	精度等级
钢卷尺	3m	1.0mm
专用角度样板	90°	±30′
钢板尺	150mm	0.5mm

检验方法：
1. 用钢卷尺检验下料长度
2. 用90°专用角度样板检验角度与垂直度
3. 用钢板尺检验 B_1 与 B_2 之差

×××塑料门窗厂 塑料平开门窗生产工序卡	编制	会签	审核	批准	日期	共 页
						第 页

附表5　钢衬下料工序卡

工件名称	工序名称	上序名称	下序名称	设备名称	设备编号	工装名称	工装编号
钢衬	下料		磨毛刺	无齿锯	J－05		

加工简图：

45°

$L\pm1.0$

工序质量标准

1. 下料长度L比PVC型材内腔相对应尺寸每端缩短5～10mm
2. 下料后的弯曲度≤1%

操作方法

1. 按生产计划调整好下料长度定位挡板
2. 把钢衬放进夹具中，钢衬型材端头顶住定位挡板并夹紧
3. 握住锯片进给手柄，缓慢进行锯切，锯切的首件经专检确认合格后再批量生产
4. 锯切时，操作者头部禁止正对锯片，手不离电动机开关

量具名称	型号规格	精度等级
钢卷尺	3m	1.0mm
钢板尺	1mm	0.5mm

检验方法

1. 用钢卷尺检验下料长度
2. 用钢板尺检验弯曲度

×××塑料门窗厂 塑料平开门窗生产工序卡	编制	会签	审核	批准	日期	共　页
						第　页

附表6 铣排水孔工序卡

工件名称	工序名称	上序名称	下序名称	设备名称	设备编号	工装名称	工装编号
框梃杆件	铣排水孔	下料	铣泄水口	水孔铣	X-02		

加工简图：

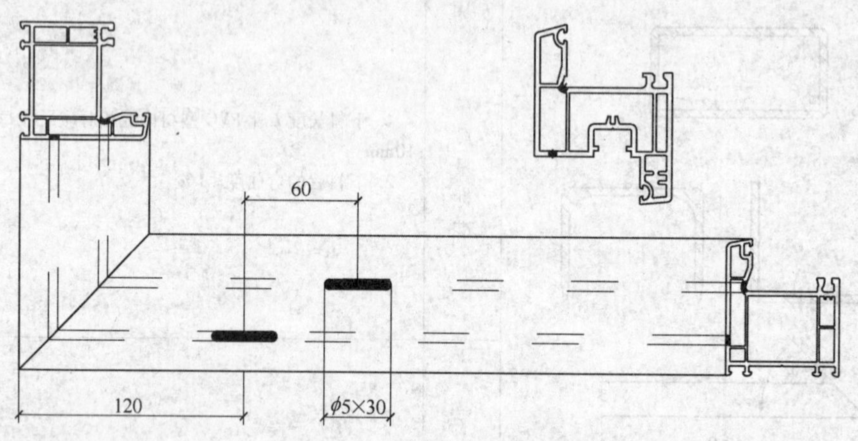

工序质量标准	1. 扇宽 <600mm 时，进水孔位置为扇宽/2处，扇宽≥600mm 时，进水孔位置为扇宽/4处 2. 无窗扇的一端外滑道下铣出水孔，位置与进水孔相同，有窗扇的一端外滑道下无出水孔	操作方法	1. 调整好排水孔位置定位挡板，安装好铣刀 2. 将型材加工面朝上，至于工作台上，用0.4MPa的压力夹紧后开始进刀铣孔 3. 首件经专检确认合格后再批量生产

量具名称	型号规格	精度等级	检验方法
钢卷尺	3m	1mm	1. 用钢卷尺检验排水孔位置 2. 用游标卡尺检验排水孔尺寸
游标卡尺	150mm	0.02mm	

×××塑料门窗厂 塑料平开门窗生产工序卡	编制	会签	审核	批准	日期	共 页
						第 页

附表7 安装钢衬工序卡

工件名称	工序名称	上序名称	下序名称	设备名称	设备编号	工装名称	工装编号
框扇杆件	安装钢衬	铣泄水孔	焊接				

加工简图：	项目	内容
5~8 ≤100 ≤300均布	工序质量标准	1. 钢衬每端比 PVC 型材主腔缩短 5～10mm，且两端相等 2. 紧固螺钉位置符合简图要求 3. 钢衬与型材主腔两面间隙之和不大于 0.8mm 4. 螺钉要拧紧，螺钉头不得高出型材轮廓线
	操作方法	1. 钢衬穿入型腔，保持两端对称 2. 在型材隐蔽面上划线，保证螺钉端距和间距符合简图要求 3. 用 $\phi4\times12$ 自攻螺钉按划线位置逐一紧固

量具名称	型号规格	精度等级	检验方法
钢卷尺	3m	1.0mm	1. 用钢卷尺测量螺钉端距和间距 2. 目测螺钉紧固程度

×××塑料门窗厂 塑料平开门窗生产工序卡	编制	会签	审核	批准	日期	共 页
						第 页

附表8 钻安装孔工序卡

工件名称	工序名称	上序名称	下序名称	设备名称	设备编号	工装名称	工装编号
框扇杆件	钻安装孔	安装钢衬	焊接	台钻			

加工简图：

工艺孔直径依螺钉确定

孔直径按膨胀螺钉确定

≤600均布

180~200

工序质量标准

1. 孔的端距和间距应符合简图规定
2. 膨胀螺钉孔的直径及工艺孔直径应符合所用膨胀螺钉的规格
3. 螺钉孔必须钻透

操作方法

1. 钢衬穿入型腔，保持两端对称
2. 在型材隐蔽面上划线，保证螺钉端距和间距符合简图要求
3. 用 $\phi4\times12$ 自攻螺钉按划线位置逐一紧固

量具名称	型号规格	精度等级
钢卷尺	3m	1.0mm

检验方法

用钢卷尺测量螺钉孔端距和间距

×××塑料门窗厂 塑料平开门窗生产工序卡	编制	会签	审核	批准	日期	共 页
						第 页

附表 9 中梃焊接操作工序卡

工件名称	工序名称	上序名称	下序名称	设备名称	设备编号	工装名称	工装编号
框梃杆件	焊中梃	V 型下料	焊四角	四位焊机	H－01		

加工简图：

工序质量标准	1. 中梃分格尺寸位置允许偏差 ±1.0mm 2. 焊缝两侧同一平面高低差≤0.5mm 3. 框内钢衬比型材的缩短量应 <10mm，且两端相等
操作方法	1. 根据环境温度设定加热温度为 250℃ ±10℃ 2. 前压钳压力设定在 0.3MPa 左右，后压钳压力设定在 0.4MPa 左右，一次进给压力设定在 0.3MPa 左右，二次进给压力设定在 0.5MPa 左右 3. 焊板预热到设定温度后，将型材放进压钳中压紧后，操纵焊接按钮进入程序控制，当焊板撤出开始对接的瞬间，把钢衬插入框料型材，并保持两端对称 4. 冷却结束后，取下工件水平放在专用工位器具上
检验方法	1. 目测焊缝颜色，判定焊接质量 2. 用钢卷尺测量中梃的分格位置尺寸 3. 用深度尺测量同一平面高低差

×××塑料门窗厂 塑料平开门窗生产工序卡	编制	会签	审核	批准	日期	共 页
						第 页

附表10　框扇四角焊接工序卡

工件名称	工序名称	上序名称	下序名称	设备名称	设备编号	工装名称	工装编号
框扇杆件	焊四角		清角	四位焊机	H－01		

加工简图：

4处

H±1.5

W±1.5

L_2

L_1

工序质量标准

1. 外形尺寸允许偏差：≤900mm 时，±1.0mm；901～1500mm 时，±1.5mm；1501～2000mm 时，±2.0mm；＞2000mm时，±2.5mm
2. 两对角线长度差≤3.0mm
3. 相邻构件同一平面高低差≤0.5mm
4. 焊接角破坏力实测值不能小于标准规定值

操作方法

1. 根据框扇尺寸调整好焊头距离
2. 根据型材系列尺寸设定焊接参数（具体参考数据见中梃焊接工序卡），焊板预热
3. 焊板温度达到设定温度时进行试件焊接
4. 试件在常温下冷却16h以上进行焊接角破坏力试验
5. 试验合格后，保持焊接参数不变，用同样的参数、用同一种型材进行批量焊接

量具名称	型号规格	精度等级
钢卷尺	3m	1.0mm
深度尺	150mm	0.02mm
角强度测定仪	10kN	

检验方法

1. 用钢卷尺测量宽高尺寸和对角线长度差
2. 用深度尺测量同一平面高低差
3. 用角强度测定仪测量焊角强度

×××塑料门窗厂 塑料平开门窗生产工序卡	编制	会签	审核	批准	日期	共　页
						第　页

附表 11 清角工序卡

工件名称	工序名称	上序名称	下序名称	设备名称	设备编号	工装名称	工装编号
框扇	清角	焊接	安装玻璃	清角机	C－01		

加工简图：

3

0.2±0.05

工序质量标准

1. 平面焊缝清角刀痕深度 0.2±0.05mm，刀痕平直，宽度一致
2. 外角削平宽度与刀痕宽度相同
3. 刀痕两侧不允许出现毛刺
4. 内角用扁铲手工清理，清角后不允许出现崩裂现象
5. 清角后不允许出现孔洞

操作方法

把框扇平放在清角机工作台上，使角部紧靠定位板，显示出角，放正后开始清角

量具名称	型号规格	精度等级
游标卡尺	150mm	0.02mm
深度尺	150mm	0.03mm

检验方法

1. 用游标卡尺检验清角刀痕尺寸
2. 用深度尺测量刀痕深度

×××塑料门窗厂 塑料平开门窗生产工序卡	编制	会签	审核	批准	日期	共 页
						第 页

附表12 安装玻璃工序卡

工件名称	工序名称	上序名称	下序名称	设备名称	设备编号	工装名称	工装编号
窗扇	玻璃安装	清角	框扇装配				

加工简图：

>3　>8　>3　>8　80~100　铰链位置

工序质量标准	1. 玻璃在槽口中的配合尺寸和玻璃垫块的位置及数量符合简图要求 2. 胶条要平直，与玻璃配合紧密，不允许出现缺口、波浪、卷边、回缩等缺陷 3. 压条与窗扇型材配合要紧密牢固，一边不允许用两根压条，角部接缝≤0.5mm
操作方法	1. 首先把窗扇上的胶条用手理平，再把玻璃放进槽口，把玻璃四周与型材之间的间隙调匀 2. 按简图位置把承重垫块和定位垫块分别放进玻璃与型材的缝隙内，竖向的定位垫块要用结构胶粘在型材上，防止其下滑 3. 先安装短压条后安装长压条，把压条两端插进压条槽，再把中间部位的压条轻轻砸入压条槽 4. 安装压条前，先检查压条长度，如果发现超差不允许使用，如有少量正差可以用扁铲修整后安装

量具名称	型号规格	精度等级
钢卷尺	3m	1.0mm

检验方法	1. 安装过程中用钢卷尺检验玻璃与型材的间隙、玻璃垫块的位置 2. 安装后目测

×××塑料门窗厂 塑料平开门窗生产工序卡	编制	会签	审核	批准	日期	共 页
						第 页

附表13　成品调整工序卡

工件名称	工序名称	上序名称	下序名称	设备名称	设备编号	工装名称	工装编号
门窗成品	调整	框扇装配	成品检验				

工序质量标准	1. 外形尺寸应符合框扇焊接的质量要求 2. 外观无色差、裂纹、滑伤、孔洞等缺陷 3. 五金配件安装齐全、正确、牢固，使用功能正常 4. 门窗扇开关力≤100N 5. 框扇四周搭接量均匀，搭接量允许偏差为±2.0mm 6. 毛条、角条、玻璃压条接口严密，安装牢固，压条接缝间隙≤0.5mm 7. 排水孔位置正确畅通 8. 钢衬固定螺钉端距、间距符合标准规定
操作方法	1. 检验外形尺寸时，应将门窗平放于工作台上 2. 门窗扇开关力、框扇间隙及搭接量必须在门窗立放状态下测量
检验方法	1. 首先检查外观质量，如有裂纹孔洞，则应立即返修 2. 用游标卡尺测量搭接量 3. 用弹簧测力计测量门窗扇开关力 4. 用钢卷尺测量螺钉间距 5. 其余项目目测

量具名称	型号规格	精度等级
钢卷尺	3m	10mm
游标卡尺	150mm	0.02mm
深度尺	150mm	0.02mm
塞尺	0.5mm	
弹簧测力计	0～150N	

×××塑料门窗厂 塑料平开门窗生产工序卡	编制	会签	审核	批准	日期	共　页
						第　页

参考文献

[1] 中国建筑科学研究院 . JGJ 103—2008　塑料门窗工程技术规程 [S] . 北京：中国建筑工业出版社，2008.

[2] 中国建筑金属结构协会 . JGJ 214—2010　铝合金门窗工程技术规范 [S] . 北京：中国建筑工业出版社，2011.

[3] 广东省建筑科学研究院，中国建筑科学研究院 . GB/T 8478—2008　铝合金门窗 [S] . 北京：中国标准出版社，2009.

[4] 广东省建筑科学研究院，中国建筑标准设计研究院 . GB/T 5824—2008　建筑门窗洞口尺寸系列 [S] . 北京：中国标准出版社，2009.

[5] 全国塑料制品标准化技术委员会 . GB/T 8814—2004　门、窗用未增塑聚氯乙烯（PVC-U）型材 [S] . 北京：中国标准出版社，2004.

[6] 住房和城乡建设部建筑制品与构配件产品标准化技术委员会 . JG/T 263—2010　建筑门窗用未增塑聚氯乙烯彩色型材 [S] . 北京：中国标准出版社，2010.

[7] 中国建筑金属结构协会塑料门窗委员会，中国建筑科学研究院 . JG/T 180—2005　未增塑聚氯乙烯（PVC-U）塑料门 [S] . 北京：中国标准出版社，2005.

[8] 中国建筑金属结构协会塑料门窗委员会，中国建筑科学研究院 . JG/T 140—2005　未增塑聚氯乙烯（PVC-U）塑料窗 [S] . 北京：中国标准出版社，2006.

[9] 住房和城乡建设部建筑制品与构配件产品标准化技术委员会 . JG/T 176—2005　塑料门窗及型材功能结构尺寸 [S] . 北京：中国标准出版社，2005.

[10] 中国建筑科学研究院 . GB/T 7106—2008　建筑外门窗气密、水密、抗风压性能分级及检测方法 [S] . 北京：中国标准出版社，2008.

[11] 中国建筑科学研究院 . GB/T 8484—2008　建筑外门窗保温性能分级及检测方法 [S] . 北京：中国标准出版社，2008.

[12] 中国建筑科学研究院 . GB/T 8485—2008　建筑门窗空气声隔声性能分级及检测方法 [S] . 北京：中国标准出版社，2008.

[13] 中国建筑材料科学研究总院 . JGJ 113—2009　建筑玻璃应用技术规程 [S] . 北京：中国建筑工业出版社，2009.

[14] 广东省建筑科学研究院，广东省建筑工程集团有限公司 . JGJ/T 151—2008　建筑门窗玻璃幕墙热工计算规程 [S] . 北京：中国建筑工业出版社，2009.

[15] 中国建筑金属结构协会建筑门窗配套件委员会，中国建筑标准设计研究院，等 . JG/T 168—2004　建筑门窗内平开下悬五金系统 [S] . 北京：中国标准出版社，2004.

[16] 中国建筑科学研究院 . JGJ 26—2010　严寒和寒冷地区居住建筑节能设计标准 [S] . 北京：中国建筑工业出版社，2010.

[17] 中国建筑科学研究院，中国建筑业协会建筑节能专业委员会 . GB 50189—2005　公共建筑节能设计标准 [S] . 北京：中国建筑工业出版社，2005.

[18] 中国建筑标准设计研究院，中国建筑金属结构协会建筑门窗配套件委员会 . 04J631 门、窗、幕墙窗用五金附件 [M] . 北京：中国计划出版社，2010.

[19] 李志英. PVC 塑料门窗的设计、制造与安装 [M]. 北京：中国建材工业出版社，2001.
[20] 胡显荣. PVC 塑料门窗的装配及安装 [M]. 北京：化学工业出版社，2000.
[21] 杨安昌，徐军. 塑料门窗技术手册 [M]. 北京：机械工业出版社，2010.

检
4